ESSAIS DIVERS,

SERVANT D'INTRODUCTION AU

CATALOGUE DE L'EXPOSITION

DES

Produits de la Colonie de Victoria:

METTANT EN RELIEF

LES PROGRÈS, RESSOURCES ET CARACTÈRE PHYSIQUE DE LA COLONIE.

PAR

Monsieur W. H. ARCHER, Chef de l'Enregistrement de Victoria ;

Monsieur le Docteur FERD. MUELLER ;

Monsieur R. BROUGH SMYTH, Membre de la Société Géologique de Londres, Membre Correspondant de la Société des Arts et des Sciences d'Utrecht, Chef du Bureau des Mines pour la Colonie de Victoria ;

Monsieur le Professeur NEUMAYER ;

Monsieur F. McCOY, Professeur d'Histoire Naturelle à l'Université de Melbourne et Directeur du Musée National de Victoria ;

Monsieur A. R. C. SELWYN, Géologue du Gouvernement de la Colonie de Victoria, etc. ; et

Monsieur W. BIRKMYRE.

"Sa Majesté et moi conçurent la pensée d'établir une grande salle, dont la première portée serait un magasin renfermant les modèles de tout ce qui pourrait être intéressant en fait de machines ayant rapport à la guerre, aux arts, commerce et toutes sortes d'exercices, nobles, honorables et mécaniques, de façon que ceux qui aspireraient à bien faire puissent se perfectionner, avec facilité, à cette école muette."—*Mémoires de Sully.*

MELBOURNE:

Imprimé pour les Commissaires,

PAR JEAN FERRES, À L'IMPRIMERIE DU GOUVERNEMENT DE VICTORIA.

1861.

PRÉFACE.

L'Exposition qui vient d'être inaugurée est tout-à-fait différente de celle qui l'a précédé, en ce sens que la première ne renfermait presque que les produits industriels des autres pays, tandis qu'on remarquera que ces articles sont à peine représentés dans la circonstance présente. Dans l'intervalle qui s'est écoulé entre ces deux faits la Colonie a atteint un développement tel, qu'il eut été presque impossible d'être pressenti par ceux qui ont été témoins du bouleversement de la société et de la stagnation des différentes branches d'industrie, qui suivirent la découverte des mines d'or. La fièvre de l'or s'étant calmée, l'énergie et l'esprit entreprenant de notre population afflua de nouveau dans ses propres canaux : des manufactures ont été établies, l'industrie de la classe ouvrière a trouvé d'abondantes occasions de s'éxercer ; l'intelligence, l'esprit inventif, et les facultés artistiques de notre nation ont eu un plein essor, et leurs résultats satisfaisants en fournissent une preuve dans cette Exposition. Jusqu'à ce jour, ceux-mêmes qui s'y intéressaient particulièrement, n'ont su que peu de chose en ce qui avait rapport aux progrès faits, dans cette Colonie, dans les arts et manufactures. De temps en temps quelque article de journal faisait mention de l'établissement d'une manufacture ou d'une usine ; de la découverte d'un nouveau produit minéral ou végétal possédant une valeur commerciale et pouvant s'appliquer à des intérêts utiles ; ou de la fabrication locale d'une marchandise précédemment importée de l'etranger ; mais, le résultat collectif de toutes ces opérations diverses a échappé à l'attention ou défié le calcul. Les produits en sont présentés maintenant sous une forme collective ; et quand on réfléchira que nous ne sommes qu'une poignée d'individus, habitant un pays qui n'a été colonisé que depuis moins d'un quart de siècle ; que nous n'avons hérité de rien de ce que nous possédons ; que nous avons eu une immense quantité de travaux à exécuter pour rendre le pays habitable, pénétrable et capable de nous subvenir ; et que nous sommes séparés par la circonférence de la moitié du globe des ressources et de la civilisation de l'autre partie du monde : on devra admettre que notre temps n'a pas été mal employé, et que quant à l'adresse, l'industrie et le génie inventif de notre population, nous marchons de pair avec celles d'Europe et d'Amérique.

Une valeur toute spéciale a été donnée à ce Catalogue par des Essais sous forme de préface, et dont chaque partie porte le nom de l'auteur qui l'a composé. Il est probable qu'autant de renseignements, en ce qui a rapport à la position, à l'avenir et aux caractéristiques physiques de la Colonie, n'ont jamais été présentés auparavant sous une forme aussi concise. On peut dire, avec raison, que le Catalogue, ainsi complémenté, renferme, tout à la fois, l'histoire du passé, les annales du présent et une prophétie pour le futur. Les progrès faits par la Colonie de Victoria y sont clairement tracés, le point de développement qu'elle a atteint bien clairement défini, et sa marche progressive ainsi que sa prospérité future y sont indiquées d'une manière positive par l'importance et la variété des ressources qui y sont énumérées. Il est presque impossible de parler de l'un ou de l'autre de ces sujets sans éprouver un sentiment de satisfaction : car, si peu importante que cette Exposition puisse paraître, en comparaison avec celles qui ont lieu périodiquement dans les Capitales de l'Europe, elle n'en assume pas moins, cependant, un rang important si on la juge en ayant égard au nombre et à la distribution clair-semée de notre population.

OUVERTURE DE L'EXPOSITION.

L'Exposition des produits de la Colonie de Victoria a été ouverte officiellement par Son Excellence Sir Henry Barkly, K.C.B., le 1er Octobre, 1861; un grand nombre de spectateurs assistant à cette cérémonie.

Son Excellence fut reçue par Sir Redmond Barry, Président de la Commission de l'Exposition, et il conduisit Sir Henry et Lady Barkly à des fauteuils placés pour eux sous un dais de velours cramoisi, qui avait été élevé à l'extrémité de la nef.

Le Général-Commandant Sir T. S. et Lady Pratt arrivèrent environ un quart d'heure après.

Les Commissaires présents, outre Sir Redmond Barry, étaient Sir Francis Murphy, Monsieur J. H. Brooke, Monsieur John O'Shanassy, Monsieur J. B. Humffray, Monsieur le Docteur Macadam, Monsieur le Professeur McCoy, Monsieur A. R. C. Selwyn, Monsieur le Docteur Mueller, et Monsieur C. E. Bright.

Aussitôt que Son Excellence fut arrivée sous le dais, les Membres de la Société Philharmonique, qui avaient été placés dans la galerie de l'orgue, chantèrent le "God Save the Queen."*

Son Excellence et Lady Barkly firent alors le tour de l'édifice, examinant avec attention les différents produits de l'Exposition, après quoi ils revinrent à leurs places.

Le Président lut alors le discours suivant :—

> "A Son Excellence Sir Henry Barkly, Gouverneur
> de la Colonie de Victoria.

"Monsieur,—Les Commissaires nommés par Votre Excellence pour préparer l'Exposition Internationale qui doit avoir lieu à Londres en 1862, ont l'honneur de vous prier de vouloir bien déclarer que cette Exposition est dès maintenant ouverte au public.

"Vous avez été instruit, Monsieur, de temps en temps, par les

---

* " Dieu Sauve la Reine."

rapports que nous avions ordre de vous addresser, des différentes mesures prises par nous pour amener à un bon résultat les soins qui nous ont été confiés.

" Il n'est donc pas nécessaire de vous retenir par un détail de nos travaux.

" Comme vous le savez, Monsieur, l'édifice dans lequel nous sommes assemblés a été construit pour recevoir les contributions de la Colonie, destinées à faire partie de l'Exposition qui a eu lieu à Paris en 1855.

" Il renferme une étendue disponible de 15,000 pieds superficiels: néanmoins, les demandes des exposants se sont multipliées à un tel point que les Commissaires se sont vus forcés ou d'en augmenter les dimensions ou de refuser une quantité de produits, ce qui eut découragé beaucoup de concurrents.

" L'expérience a démontré que l'épreuve hardie que les Commissaires se sont permis de faire en 1854 les a récompensé des dépenses qu'ils ont faites, en ce sens qu'ils ont pourvu au bien-être du public pendant plusieurs années, et que nos concitoyens ont pu se réunir ici, en plusieurs occasions d'amusement général ou d'instruction, en nombres auxquels aucune autre salle à Melbourne n'eut pu donner accès.

" Influencés par ces diverses considérations, vos Commissaires se sont déterminés à adopter la première alternative.

" Une addition a été faite, fournissant une salle de quatre-vingts pieds par quarante, qui forme un accessoire utile au bâtiment de l'Exposition, que tout le monde considère maintenant comme indispensable.

" Sous la surveillance énergique de Monsieur Knight, l'agent de la Commission, ces travaux, ainsi que plusieurs changements qui devaient améliorer les dispositions intérieures du bâtiment, ont été finis en neuf jours ; une preuve que dans un cas d'urgence on peut s'en reposer, comme toujours, à l'habileté et à l'activité de nos artisans.

" L'eau qui a été conduite dans le bâtiment, provient des réservoirs de Yan Yean—une grande entreprise nationale, terminée depuis notre Exposition à un coût de près d'un million sterling.

" Une force motrice pour les machines se trouve ainsi fournie; de plus cela donne une certaine garantie, en cas d'accident, qui doit tranquilliser les propriétaires d'objets de valeur confiés aux soins des Commissaires.

" Les Commissaires se permettent d'exprimer le désir qu'en considération des perfectionnements qu'ils viennent d'énumérer, le Gouvernement de Sa Majesté veuille bien prendre à l'avenir plus de soin de cette belle et utile construction à laquelle se rattachent tant d'agréables souvenirs.

" Nous dirigerons d'abord votre attention, Monsieur, sur la collection de bois indigènes, formée sous la direction du comité de la Classe III.

" Plus de quatre-vingts variétés ont été procurées de différentes localités qui, en raison des différences de terroir et de climat, de latitude et d'altitude au-dessus du niveau de la mer, prennent le caractère d'une végétation distincte.

" Ces variétés de bois démontrent, jusqu'à un certain point, les ressources que nous possédons dans les forêts de l'intérieur aussi bien que dans celles qui bordent la côte de la mer, et qui deviendront utiles tant pour l'usage domestique que pour l'exportation, quand par de meilleurs moyens de transports ils seront rendus d'un accès plus facile.

" Grâce à l'infatigable persévérance de notre botaniste distingué, Monsieur le Docteur Mueller, ils sont présentés dans des conditions qui donnent une idée aussi complète que possible de leur tissu, ainsi que de la densité et fermeté de leur fil; de leur aptitude pour des ouvrages de construction ou d'ornement, et permettent de les soumettre aux expériences d'usage pour reconnaître leurs force, élasticité, durée et autres propriétés.

" Une nomenclature scientifique accompagne la collection; elle doit être d'une grande utilité pour l'observateur instruit; et dans bien des cas elle forme un supplément, d'un intérêt tout particulier, à l'histoire de la flore du continent qui n'est, jusqu'à présent, qu'en partie exploré.

" Le comité de la Classe II. présente une collection de modèles des principaux fruits d'automne et légumes cultivés ici. La fidèle exactitude avec laquelle sont représentées leur dimension et leur couleur vous rendra juge du développement et de la symétrie du produit de nos jardins et vergers, et sanctionnera la croyance qu'en qualité les origineaux pourront être comparés favorablement avec les produits d'horticulture de la plupart des autres pays.

" Une autre collection de modèles de fruits et de légumes des saisons de printemps et d'automne sera préparée, aucun des objets eux-mêmes ne pouvant être envoyé à Londres.

" Ces modèles sont faits de gypse, recouverts dans certains cas de cire ou de gomme adragante, et dans d'autres cas saturés d'huile de façon à reproduire avec exactitude la nuance et l'éclat du fruit.

" Tous les soins qui en ont été pris leur permettront, nous l'espérons, de résister aux changements de température qu'ils éprouveront pendant la traversée.

" Une armoire renfermant des huiles essentielles, distillées des feuilles des arbres et arbustes indigènes, mérite aussi votre attention.

" D'après les travaux de ceux qui les ont fournies il est évident que la pharmacie et les arts utiles gagneraient grandement à des recherches qui seraient dirigées de ce coté.

" Dans cette classe se trouve aussi le Vin—produit comparativement nouveau pour la Colonie, et qui par conséquent doit causer un vif intérêt.   Cet intérêt doit cependant, quant à présent, être spéculatif; et il nous faut attendre la decision d'experts pour savoir dans quel dégré d'excellence ils seront placés respectivement. Le nombre des différentes sortes soumises à l'examen en est considérable, et nous savons que, malgré cela, beaucoup d'autres sortes qui ne sont pas présentées ici, seront envoyées en Angleterre par l'intermédiaire des Commissaires : les causes pour lesquelles ils n'ont pas été envoyés par les propriétaires de vignobles, sont ou manque d'âge ou délicatesse des crûs, combiné du désir d'éviter autant que possible un déplacement trop fréquent.

" Les sujets de la culture de la vigne et de la fabrication du vin ont occupé l'attention de tant de cultivateurs tout à la fois entreprenants et prudents, et ont été traités avec tant de soin par des mains habiles, que la perspective de ceux qui sont intéressés dans ces différentes branches d'occupations peut être considérée comme encourageante.

" L'huile d'olive et le fruit même, ces accessoires du délicieux et fécond jus de la treille, sont vus pour la première fois recoltés et fabriqués presque dans les limites de la ville.

" Vous remarquerez, Monsieur, sans aucun doute, l'absence de représentants pour deux des objets principaux de notre richesse —la laine et les grains. Comme les opérations de la tonte et de la récolte n'ont pas encore commencé, nous n'avons pu nous procurer que peu d'échantillons. Nous pouvons annoncer, néanmoins, que nous avons reçu des promesses sur lesquelles nous pouvons compter, et nous sommes certains que tous deux seront représentés d'une manière parfaitement complète à Londres.

" Jusqu'à présent, autant qu'il est permis de hasarder une telle opinion, la saison promet favorablement pour la récolte des céréales et des autres produits des fermes.

" Les Sociétés générales et locales d'agriculture se sont engagées à aider les Commissaires à se procurer, en temps convenable, les meilleurs échantillons pour transmission en Angleterre.

" Des portions de toisons, choisies parmi celles de qualité supérieure, seront façonnées par les métiers d'Europe en ouvrages de tissus délicats, représentant des modèles appropriés suggérés par les fleurs du pays.

" Ces toisons ainsi representées, de même que la laine dans les dégrés progressifs de préparation par lesquelles elle a à passer, donneront une idée exacte de la valeur de ce produit ; le premier, et malgré les découragements et les influences perturbatrices qui ont plus on moins affecté sa culture, celui de nos articles d'exportation qui progresse de la manière la plus certaine.

" Quant à l'Or, il en sera produit en grande abondance et dans des termes favorables sous plusieurs rapports financièrement et scientifiquement parlant.

" Plusieurs des Banques de Melbourne ont, avec une liberalité digne d'éloges, consenti à permettre aux Commissaires de choisir parmi leurs spécimens d'or natif ceux qui sont de grosseur extraordinaire ou de forme remarquable, ou qui possèdent de rares combinaisons de roc, minerai ou minéral. Elles ont autorisé les Commissaires à exposer ces spécimens, ici et à Londres, sans intérêt ; les Commissaires prenant à leur charge les frais de transport et polices d'assurance, et le Gouvernement de Sa Majesté donnant sa garantie contre tous risques qui ne seraient pas couverts par une simple police d'assurances.

" Cet accommodement a fait gagner au pays l'intérêt sur un capital qu'il eut fallu employer à l'achat d'une quantité de spécimens, et a libéré, entre les mains des Commissaires, des fonds qui peuvent être appliqués avantageusement à d'autres usages.

" Sachant combien les savants qui visiteront l'Exposition de Londres prendront d'intérêt au procédé employé ici pour séparer l'or du quartz, les Commissaires ont décidé qu'ils y enverraient une machine à broyer, avec appareil pour laver et amalgamer. Cette machine sera montrée en opération à jours fixes, et on y broiera et lavera des quartz, provenant de différentes mines d'or et pris à des profondeurs diverses du sol.

"Une énumeration spéciale de quelques uns des objets dignes d'éloges, serait abuser de vous, Monsieur, mal-à-propos; et comme les jurys des différentes classes auront à se prononcer sur le mérite respectif des exposants, il est prudent de s'abstenir d'exprimer une opinion en ce qui les concerne.

"Le Catalogue renferme bon nombre de noms.

"Ce travail, qui est digne du titre d'ouvrage important, a (en raison du retard qu'on a mis à envoyer les demandes de places) été mis sous presse dans des conditions très défavorables. En un mot, les dernières feuilles viennent, il y a seulement quelques minutes, de sortir de la presse.

"La publication de ce Catalogue a paru aux Commissaires une occasion convenable de réunir, sous une forme simple et authentique, les meilleures matières qui pourraient servir à éclairer les populations de l'Europe sur bien des points ayant rapport à ce pays, et concernant lesquels l'ignorance et la confusion dominent.

"Ils ont donc prié plusieurs personnes, dirigeant certains départements du service administratif, et ayant en leur possession une large information d'autorité, de vouloir bien composer une préface pour le Catalogue.

"Elles ont généreusement accédé à cette demande, et une préface de 210 pages a été produite dans le but de profiter au public.

"Le premier chapitre, écrit par Monsieur Archer, Directeur de l'Enregistrement, donne une esquisse statistique, habilement rédigée, du pays, ainsi qu'une quantité de tableaux dont la préparation a dû occasionner un travail considérable, faisant preuve d'un dévouement enthousiaste.

"Le second est par Monsieur le Docteur Mueller, le botaniste du Gouvernement.

"Le troisième est de Monsieur Brough Smyth, du Département des Mines, sous la direction duquel une collection considérable, explicative des travaux topographiques et des mines, ainsi que de différents minerais, etc., a été faite.

"Le quatrième est un travail, fait avec grand soin, sur la Météorologie, par Monsieur le Professeur Neumayer.

"Le cinquième traitant de Zoologie ancienne et nouvelle, par Monsieur McCoy, Professeur d'histoire naturelle à l'Université de Melbourne, qui contribue aussi plusieurs livraisons d'un ouvrage qu'il est sur le point de publier sur ce sujet, et renfermant plusieurs dessins sur pierre, éxécutés en chromo-lithographie, d'un travail exquis.

" Le sixième chapitre traite de Géologie, et est rédigé par Monsieur Selwyn, qui contribue une quantité de cartes, de spécimens géologiques et d'admirables représentations photographiques de fossiles.

" Le septième sur l'Or et son histoire, dans la Colonie de Victoria et ailleurs, est de Monsieur Birkmyre.

" Il a été décidé qu'on ferait réimprimer cette préface, traduite en deux ou plusieurs langues étrangères, et qu'elle serait distribuée à l'Exposition de Londres.

" Un autre travail, dont il peut être fait mention, est le billet d'entrée pour la saison, qui a été éxécuté au Bureau des terres et arpentages. L'impression claire et lisible de cette minutieuse publication, dont le caractère est plus petit qu'aucun type mobile, est faite par le procédé photo-lithographique, pour l'invention duquel Monsieur Osborne a droit à un éloge tout spécial. Ce procédé est généralement appliqué ici au transfer rapide et économique des cartes et des plans.

" Des efforts indépendants quoique simultanés ont été dirigés vers cette découverte en Angleterre, en Amérique et en Australie. Celle dont le procédé est en usage chez nous a anticipé les autres de plusieurs mois, et on a admis que ce procédé, pour lequel Monsieur Osborne a pris un brevet, a non seulement gagné la priorité d'invention, mais encore a atteint un dégré de perfectionnement admis par la genérosité même de ses compétiteurs.

" La stéréotypie, sur un nouveau principe récemment inventé en Angleterre, par un procédé perfectionné par Monsieur Ferres, l'imprimeur du Gouvernement, réclame aussi votre attention. Il a approprié d'une manière fort heureuse le sujet de son exhibit à la circonstance, et il soumet à l'examen du public une copie de l'acte du Parlement passé pour la protection des droits des Inventeurs pendant l'Exposition, stéréotypée sur or, et qui attend votre signature.

" Parmi les nombreuses idées si élevées, formant partie de la prescience de l'illustre fondateur des Expositions décennales de Londres, il y en a une, Monsieur, d'une immense importance ; c'est que, par ce moyen, des opportunités périodiques se présenteraient de mettre en relief la position réelle de l'Empire Britannique et de ses dépendances à différentes époques, et de démontrer en outre les progrès intermédiaires de sujets qui intéressent plus particulièrement la prospérité matérielle du genre humain.

" Sous ce rapport il est probable que la Colonie de Victoria paraîtra avec avantage, et que les progrès qu'elle a faits pendant la dernière décade pourront rivaliser avec ceux de toute autre des nombreuses possessions de Sa Majesté.

" Avec votre permission, Monsieur, nous extrairons quelque unes des statistiques les plus saillantes du premier chapitre du Catalogue. Cet extrait tendra a fortifier l'opinion que les Commissaires se permettent d'exprimer.

" En 1851, lorsque la Grande Exposition fut inaugurée à Londres, la population de Port Phillip s'élevait à 77,345. Depuis cette époque le district, qui n'était alors qu'une dépendance éloignée de New South Wales (Nouvelles Galles du Sud), a été érigé en une Colonie indépendante, sous le nom de notre Gracieuse Souveraine (Victoria), et elle renferme maintenant une population de 540,670 âmes.

" L'exportation de l'Or par l'entremise des Douanes en 1851, pendant cette année, la première de sa découverte, s'élevait à 145,146 onces, d'une valeur de £580,587 ; en 1860 elle s'élevait à 2,156,660 onces, de la valeur de £8,626,642. La somme totale en dix années s'élevant à 23,917,980 onces, représentant une valeur de £95,671,918, à laquelle on peut ajouter une évaluation approximative de la quantité envoyée par d'autres canaux, 2,067,064 onces, d'une valeur de £8,269,258, donnant un grand total de 25,985,044 onces, de la valeur of £103,941,976.

" De la Laine, la quantité exportée et sa valeur est également remarquable : en 1851 l'exportation s'élevait à 16,345,464 livres, d'une valeur de £743,618 ; en 1860 elle était de 24,273,210 livres, d'une valeur de £2,025,066, formant ; en dix ans un total de 227,505,610 livres, de la valeur de £15,821,710.

" La vente des Terres a augmenté de 334,308 acres en 1851 à 3,994,433 acres en 1860, pour lesquels £9,213,812 ont été reçues au Trésor. De ces terres il y en avait en 1851, 52,166 acres en culture, et en 1861 419,529 acres ; et tandis qu'à cette époque les produits agricoles de tous genres étaient de beaucoup en deçà des besoins, et que des sommes considérables étaient payées chaque année pour les articles nécessaires à la consommation, et qui venaient de l'étranger, nous pouvons prévoir maintenant que dans un temps fort peu reculé, la balance du commerce, déjà sensiblement changée, pourra tourner en notre faveur, et qu'il nous faudra alors rechercher les marchés étrangers pour trouver un débouché à notre surplus.

" Mais ce n'est pas seulement dans ces détails que Victoria peut signaler ses progrès.

" En ce qui concerne l'acquisition de Priviléges Politiques elle a procédé, d'une position s'élevant des restrictions sévères sur la liberté Britannique, sous lesquelles la Colonie plus âgée, dont elle faisait partie, a été si longtemps gouvernée, à une position dans laquelle ses habitants possèdent les priviléges inapréciables d'une liberté entière de personne et de conscience, et elle a obtenu la mesure la plus complète de Gouvernement responsable et représentatif. L'administration Municipale s'étend à 46 villes florissantes, dont les statistiques, illustrées par un travail calligraphique, réclament une notice toute spéciale.

" Les Eglises ont augmenté de 39 qu'elles étaient en 1851 à 874 en 1861 : pouvant facilement recevoir 150,000 personnes, et étant desservies par 340 ecclésiastiques d'une conduite exemplaire. Trente institutions pour les soins à donner à ceux qui souffrent de maladies physiques ou mentales, ainsi que pour le secours des orphelins et vieillards indigents, sont entretenues à une dépense qui s'élevait l'année dernière à plus de £140,000. Une Université compte 104 étudiants, et accorde des dégrés qui par la gracieuse volonté de Sa Majesté sont reconnus comme des distinctions académiques égales en grade, préséance et distinction aux dégrés accordés par les vénérables sièges de la science de la mère-patrie. 880 écoles ont été ouvertes, dans lesquelles 51,668 écoliers reçoivent une instruction primaire : il y a en outre une grande quantité d'instituts établis pour encourager les travaux scientifiques, littéraires et intellectuels. Une bibliothèque publique a été fondée, et elle renferme déjà plus de 30,000 volumes choisis avec soin ; cette bibliothèque a été visitée pendant les neufs premiers mois de l'année par 117,926 lecteurs.

" En dernier lieu, et pour ne pas vous retenir au-delà des limites de votre patience, les Arts, Manufactures et Métiers se sont tellement developpés depuis 1854, époque à laquelle cet établissement fut ouvert, et où il n'y avait que 37 métiers et manufactures représentés, tandis qu'en cette circonstance des demandes pour un certain espace ont été adressées par 236 branches des arts mécani-

-ques et industriels sur le mérite desquels des jurés compétents auront bientôt à se prononcer.

" £5,272,620 ont été dépensées pour la formation des ponts et chaussées; £3,391,763 6s. 8d. ont été dépensées pour les bâtiments et autres travaux publics ; 99 miles ¾ de chemins de fer du Gouvernement ont été ouverts au public, et 182 miles sont en voie de construction entraînant une dépense de plus de £8,000,000. Les chemins de fer à l'enterprise particulière de compagnies ont ouvert 21 miles, et leurs fonds social s'élèvent à £1,146,212. A la requête des Commissaires le transit des marchandises destinées à l'Exposition a été concédé par les compagnies avec une libéralité qu'ils se plaisent à reconnaître.

" 1,504 miles de lignes télégraphiques ont été établies dans les limites de notre Colonie, à un coût de £163,000.   La liaison avec les Capitales des Gouvernements limitrophes—Adelaide, 800 miles au Nord-Ouest; Hobart-town, 300 miles au Sud (dont une portion submarine est malheureusement interrompue en ce moment); Sydney, 600 miles au Nord-Est—a été complétée depuis quelque temps déjà ; et la liaison avec Brisbane, la capitale de la nouvelle Colonie de Queensland, sera terminée d'ici à peu de temps : ce qui donnera en longueur une ligne de fil télégraphique de plus de 2,000 miles.   Ce sera peut-être la bonne fortune de celui qui aura l'honneur de remplir les fonctions de Président à la prochaine Exposition d'annoncer que nous sommes amenés en contact actuel par le moyen de fils télégraphiques avec la grande capitale de l'Empire Britannique.   La permission de se servir de cet agent extraordinaire a été mise à la disposition des Commissaires par le Gouvernement de Sa Majesté : permission qui a singulièrement facilité leurs rapports avec l'intérieur.

" On peut remarquer incidemment au profit de ceux que cela peut intéresser que l'appareil télégraphique au coin Nord-Ouest de l'édifice, près du bureau de la poste, est en rapport direct avec les bureaux de police, et qu'un code de signaux a été préparé, au moyen duquel, s'il était nécessaire, les avis pourraient être envoyés en toutes directions et à toutes distances.

" Les Commissaires ont encore, Monsieur, à combattre la pensée trop généralement répandue qu'il est trop tard pour faire des efforts pour envoyer des produits dignes d'une place à l'Exposition Internationale, et que les objets que nous sommes habitués à voir ici ne valent pas la peine d'être envoyés à une telle distance.

Ces idées doivent être dissipées. Il y a tout le temps nécessaire pour le travailleur patriote et sérieux.

" Pendant les trois mois et demi qui vont s'écouler entre ce jour et le milieu de Janvier, époque à laquelle les Commissaires auront fini leurs travaux ici, on peut, on *doit*, faire beaucoup si le vœu général est que les ressources de cette contrée, ainsi que le génie, l'entreprise et l'industrie de ses habitants, soient représentés d'une manière convenable.

" Quelques jours doivent s'écouler encore avant de recevoir tout ce qui a été envoyé de l'intérieur. Plusieurs des objets qui doivent être exposés ayant pris plus de temps pour être achevés qu'on n'avait d'abord calculé (y-compris la caisse des spécimens d'or), ne sont pas encore prêts. Lorsqu'ils seront tous réunis les Commissaires seront à même de s'assurer des circonstances qui pourraient occasionner une lacune, et ils auront à renouveler et à augmenter leurs efforts pour parvenir à la combler.

" Les comités locaux déjà formés, qui ont été si utiles et auxquels les Commissaires sont grandement redevables, seront excités par cette compétition à se distinguer encore davantage. Nos agents seront probablement chargés de visiter des districts qu'ils n'ont pas encore parcourus, de façon que certaines choses (devant être rangées suivant les différentes subdivisions des diverses classes), et qui ne sont pas encore envoyées, puissent être procurées et classées d'une manière proéminente et suivant leur mérite.

" Il est probable, Monsieur, que tout étant prêt à accorder le prix de votre approbation aux nombreux exemples de mérite et d'habileté qui sont réunis ici aujourd'hui, vous serez néanmoins de l'avis des Commissaires, en ce sens que ce qui est nécessaire à l'ésprit investigateur et au jugement pénétrant de ceux qui se réuniront à l'Exposition Internationale n'est pas tant les objets d'invention parfaite et d'éxécution irréprochable que vous voyez autour de vous, que ceux qui peuvent être classés odieusement ou inconsidérémment par quelques personnes comme une variété grossière ou sans valeur.

" Nous désirons pouvoir fournir une preuve des sources de richesses presque sans bornes dont nous sommes favorisés; faire voir les germes d'un développement vigoureux, éléments d'une perfection peu éloignée ; démontrer que la Colonie de Victoria offre aux hommes sages et prudents des ressources pour employer leurs capitaux d'une manière sure et avantageuse, et prouver qu'elle renferme dans toute l'étendue de son immense et fertile territoire place pour des centaines de mille qui peuvent sous la protection d'une Providence Divine gagner par eux-mêmes une indépendance honorable et rivaliser avec la haute civilisation et la grandeur morale qui distinguent d'une manière si éminente la patrie dont nous sommes issus."

RÉPONSE DE SON EXCELLENCE.

"Sir Redmond Barry et Messieurs les Commissaires :

"Vous pouvez à juste titre être fiers des préparatifs qui ont été faits, sous vos auspices, pour illustrer les progrès et les ressources de cette Colonie au Congrès du Monde Industriel, l'année prochaine.

" Je suis fort satisfait de la promptitude avec laquelle le Gouvernement a reconnu que la Colonie de Victoria devait être représentée en cette circonstance, et de l'empressement avec lequel l'Assemblée Législative a alloué les fonds nécessaires à cet objet. Je fus certain d'un résultat satisfaisant dès que les noms de ceux qui acceptèrent la charge de Commissaires me furent soumis; et encore davantage lorsque j'appris qu'ils avaient enrolé comme leur agent pour organiser les préliminaires celui qui le premier avait attiré l'attention du public sur la nécessité de se préparer aussitôt que possible pour ce qui était, dans bien des cas, un effort tout-à-fait nouveau.

" Je sais, j'en conviens, ce que vous me rappelez; c'est-à-dire, que cet édifice tout à la fois utile et d'ornement a été construit pour recevoir les collections pour une Exposition qui a eu lieu à Paris en 1855 : mais bien que Paris soit l'emporium du goût, du luxe et de la magnificence, Paris n'est pas une sphère aussi appropriée au développement de l'entreprise commerciale, du génie mécanique et de l'industrie pratique d'une communauté d'origine Anglaise, que Londres, la capitale du chantier d'exploitation du monde entier, ainsi que peut-être justement désigné le Royaume uni de la Grande Bretagne; et comme cette Colonie n'existait pas, pour ainsi dire, lors de la Grande Exposition de Londres en 1851, celle de l'année prochaine fournira en réalité la première opportunité d'établir son rang et son importance parmi les provinces de l'Empire Britannique.

"En déployant ses richesses naturelles, et la faculté de son terroir et de son climat à s'adapter à des productions de tous genres, nous parviendrons par un tel concours à réaliser l'objet que nous avons en vue, qui est d'attirer le travail et le capital excédant de la mère-patrie à nos rivages. Nous pouvons montrer, comme vous l'observez fort bien, les progrès surprenants que cette Colonie a faits dans tous les arts de la civilisation et dans l'application de ses richesses pendant les dix années qui viennent de s'écouler—progrès qui n'ont pas été surpassés, comme vous le dites aussi avec raison, par aucune autre Colonie Anglaise; et je dirai plus, sans égal, je crois, dans aucun autre pays du monde entier. Pendant cette décade, comme vous le remarquez, le district négligé de Port Phillip s'est étendu, et prenant son essor est devenu l'importante Colonie de Victoria. La dépendance, sans influence aucune, de la Colonie des Nouvelles Galles du Sud a acquis un gouvernement constitutionnel dans la plus pure acception du mot.

"Sa population est sept fois plus considérable; ses terres sont cultivées en plus grande quantité; ses troupeaux produisent deux fois plus de laine; ses autres produits ont également augmenté en valeur; et l'or même, dont la découverte a stimulé s'il n'a causé ce développment extraordinaire, est si loin de montrer des symptômes d'épuisement que, bien que plus de cent millions sterling aient été extraits de plaines alluviennes et de quartz d'intersection, l'escorte du Gouvernement a apporté des mines la semaine dernière près de 50,000 onces—quantité égale à la moyenne de toute la période.

"L'annonce de ces simples faits dans la préface de votre Catalogue—bien plus leur corroboration par la preuve qui en sera fournie en Angleterre au moyen de cette collection—fera plus pour encourager l'immigration et avancer les intérêts de la Colonie de Victoria que les discours les plus éloquents et les documents les plus volumineux qu'on pourrait publier.

> "'Segnius irritant animos demissa per aurem,
> Quam quæ sunt oculis subjecta fidelibus.'

"Il y a néanmoins un autre point de vue sous lequel le spectacle que nous avons devant les yeux doit nous frapper—une autre raison pour laquelle une politique bien comprise voulait que cette Exposition préliminaire eût lieu ici. Cela ne peut manquer d'accroître notre confiance dans la stabilité de nos propres ressources; cela doit tendre à nous convaincre de l'état réel de prospérité dont jouit la Colonie.

"Si les habitants d'un pays nouveau sont enclins de prime abord à s'abandonner à des espérances chimériques par rapport à leur richesse et à leur bonheur futurs, ils sont malheureusement aussi disposés au moindre revers à se laisser aller à un découragement exagéré. Une crise commerciale resulte-t-elle de trop de spéculations—un changement dans la politique administrative est-il annoncé—un nouveau champ d'affaires se présente-t-il ailleurs—qu'immédiatement un cri de panique se fait entendre.

" L'expérience des dix dernières années dans la Colonie de Victoria, dont nous avons ici un abrégé devant les yeux, devrait bien certainement nous faire penser différemment. Les négociants peuvent faillir ou faire fortune; les politiques rivaux peuvent être en lutte; le mineur d'or, tout à la fois fort et changeant, peut inconsidérément quitter pour quelque temps nos mines d'or éprouvées et permanentes pour quelque El Dorado, de son imagination, dans d'autres pays; mais le pays lui-même continue, malgré tout, à affermir ses pas et avance de jour en jour vers un état plus élevé de prospérité matérielle.

" Est-il possible à quiconque regarde autour de lui et voit quelles merveilles ont été accomplies en quelques courtes années dans ce pays, sous l'influence d'institutions libres et d'une industrie sans entraves, de douter des droits de la race Britannique à un gouvernement constitutionnel dans toute la force du terme, ou de douter de la glorieuse destinée qui sous la protection d'une Providence Divine est reservée à ce pays déjà si favorisé ?

" Et maintenant, suivant votre invitation, je déclare cette Exposition ouverte au public."

Sir Thomas Seymour Pratt s'avança et demanda trois vivats pour la Reine, auxquels on s'empressa de répondre.

Trois vivats ayant été donnés à Son Excellence, la société vice-royale quitta les bâtiments de l'Exposition.

DE LA COLONIE DE VICTORIA
COURTE ESQUISSE STATISTIQUE,

PAR

WILLIAM HENRY ARCHER,

Chef de l'Enregistrement pour la Colonie de Victoria, et Membre Correspondant Honoraire de la Société Statistique de Londres.

POPULATION.

Progrès de la Population, 1836-1861.

1. Il y a juste une quart de siècle que fut fait le premier recensement des habitants du district appelé maintenant Victoria. Ce dénombrement eu lieu en 1836, et le résultat auquel on arriva fut qu'il y avait 142 personnes du sexe masculin et 35 du sexe feminin, ou en tout 177 âmes. Vingt-cinq ans plus tard (7 Avril, 1861) le nombre en avait monté à 328,651 du sexe masculin, et 211,671 du sexe feminin, ou un total de 540,322 âmes.

Classification de l'Accroissement.

2. La classification de l'accroissement a, tout naturellement, sensiblement varié à diverses époques. Le tableau suivant montre l'accroissement actuel de 1836 à 1861.

TABLE I.—*Population de Victoria de 1836 à 1861.*

No.	Date du Recensement.		Sexe Masculin.	Sexe Feminin.	Total.	Nombre de Femmes par chaque 100 Hommes.
1	25 Mai,	1836	142	35	177	24·6
2	8 Nov.,	1836	186	38	224	20·4
3	12 Sept.,	1838	3,080	431	3,511	14·0
4	2 Mars,	1841	8,274	3,464	11,738	41·9
5	2 Mars,	1846	20,184	12,695	32,879	62·9
6	2 Mars,	1851	46,202	31,143	77,345	67·4
7	26 Avril,	1854	155,876	80,900	236,776*	51·9
8	29 Mars,	1857	264,334	146,432	410,766	55·4
9	7 Avril,	1861	328,651	211,671	540,322	64·4

* 22 dont le sexe n'était pas spécifié ont été omis.

3. Pendant les quatre dernières années la population a augmenté de près d'un tiers, ou au taux de 7·1 pour cent. par an. Si elle continuait à augmenter dans la même proportion, Victoria renfermerait d'ici à moins de neuf ans un million d'habitants.

Lieu de Naissance des Habitants.

4. Les lieux de naissance des habitants, d'après le recensement de 1861, n'ont pas encore été mis en table. Il n'y a pas de doute cependant que les colonistes sont, pour la plupart, Européens. Jusqu'au commencement de l'année courante (1861), l'excédant des arrivées sur les départs se montait à 373,877, et l'addition d'un peu moins de la moitié de ce nombre, comme excédant des naissances sur les décès, amènerait le nombre cité plus haut au montant de la population qui a été constaté. En 1857 la proportion des natifs de différents pays sur le total des habitants était ainsi que suit : Anglais, 36·39 per cent. ; Irlandais, 15·95 do. ; Ecossais, 13·15 do. ; Chinois, 6·22 do. ; Allemands, 1·94 do. ; Gallois, 1·12 do. ; nés dans la Colonie de Victoria, 16·40 do. ; nés dans les autres Colonies Australiennes, 4·13 do. ; le total de ces sommes s'élève à 95·30 per centum ; les 4·70 per cent. restant consistent en sujets Anglais de l'Inde ou d'autres Colonies, et en quelques étrangers autres que ceux dont il a été fait mention ; 1800 aborigènes ont aussi été comptés ; leur race, néanmoins, tend graduellement à s'éteindre.

Immigration et Emigration.

5. Depuis l'établissement de la Colonie, le Gouvernement a eu l'habitude de stimuler l'affluence à nos rives de certaines classes d'immigrants par des allocations pécuniaires annuelles. De cette manière pendant les dernières vingt-cinq ans près de 117,000 personnes ont été introduites. Mais, si considérable que ce nombre puisse paraître, il est cependant bien inférieur à celui de la classe moyenne d'immigrants qui sans assistance du Gouvernement sont venus s'établir parmi nous. Leur nombre pendant la même périole s'élève à 543,261 âmes. L'émigration totale pendant le même intervalle s'élevait à 264,390 personnes, qui pour la plupart s'en retournaient aux Colonies avoisinantes. Le nombre des émigrants qui quittèrent Victoria pendant l'année

1860 s'élevait à 21,689, qui, déduit du nombre d'immigrants qui arrivèrent (29,037), laisse 7,348 comme net accroissement par l'immigration durant cette année. Les différents endroits d'où vinrent ceux qui arrivèrent et où allèrent ceux qui quittèrent sont indiqués dans le tableau suivant :—

TABLE II.—VICTORIA.—*Immigrants et Emigrants*, 1860.

Contrées.	Immigrants	Emigrants.	Immigrants excédant Emigrants.	Emigrants excédant Immigrants.
Royaume Uni de la Grande Bretagne	13,470	5,727	7,743	—
Nouvelles Galles du Sud ...	4,719	5,909	—	1,190
Australie du Sud et de l'Ouest	5,000	2,229	2,771	—
Tasmanie	3,727	2,516	1,211	—
Nouvelle Zélande et Mers du Sud	507	1,438	—	931
Ports Etrangers	1,614	3,870	—	2,256
Totaux	29,037	21,689	7,348	—

6. Il est donc ainsi clairement démontré qu'en 1860 l'immigration, provenant des Iles Britanniques, de l'Australie de l'Ouest et du Sud et de la Tasmanie, dépassait de beaucoup l'émigration aux mêmes endroits; mais que le contraire existait en ce qui a rapport aux Nouvelles Galles du Sud, à la Nouvelle Zélande, aux Iles des Mers du Sud et aux Ports Etrangers. En ce qui concerne la Colonie des Nouvelles Galles du Sud cette émigration était probablement causée par les différentes attractions qui étaient offertes par la Nouvelle Colonie de Queensland et par l'élan causé aux mineurs d'or par la découverte du nouveau champ d'exploitation de Kiandra ou Rivière de Neige, situé sur la frontière des Nouvelles Galles du Sud (New South Wales). La guerre de la Nouvelle Zélande, et par suite le déplacement des troupes de notre Colonie, est en toute probabilité la raison pour laquelle les départs excèdent les arrivées; et l'émigration aux Pays Etrangers s'explique par le retour d'étrangers attirés ici en raison de nos mines d'or, mais n'ayant jamais eu l'intention arrêtée de faire de Victoria leur foyer domestique. La récente découverte de mines d'or dans la Nouvelle Zélande attire déjà un nombre considérable de nos mineurs vers cette Colonie. Il reste encore à savoir s'ils doivent être aussi malheureux que ceux qui se joignirent à la malheureuse expédition du Port Curtis dans le territoire de Queensland.

Disproportion des Sexes.

7. Depuis la fondation de la Colonie les habitants mâles ont toujours été en plus grand nombre que ceux du sexe féminin; et l'émigration aidée par notre Gouvernement a été principalement dirigée de manière à modifier cette disproportion. On remarquera, en se reportant à la première colonne de la 1ère table, qu'en Avril, 1854, il y avait 51·9 femmes par chaque 100 hommes, et que le 7 Avril, 1861, il y avait 64·4 femmes par chaque 100 hommes: de façon que les sexes se rapprochent rapidement de la relation numérique dans laquelle ils se trouvaient en Mars, 1851, époque à laquelle il y avait 67·4 femmes par chaque 100 hommes de la population. Au taux et suivant le mode d'augmentation qui a eu lieu depuis quatre ans, seize années s'écouleront encore avant que l'équilibre du nombre des deux sexes soit établi.

Etendue de la Colonie et nombre de Personnes par chaque mile carré.

8. L'étendue totale de la Colonie de Victoria (86,831 miles carrés) est presque aussi considérable que celle de l'Angleterre, l'Ecosse et le Pays de Galle ensemble (89,644 miles carrés); mais les colonistes sont pour la plupart réunis dans une limite moins grande que celle de l'Ecosse (31,324 miles carrés), et qui est en deçà de cent miles du bord de la mer. Mais tandis que l'Ecosse avait (en 1851) 92 personnes par mile carré, la partie la plus habitée de Victoria, sur une pareille étendue, a moins de dix-huit personnes au mile carré.

Répartition de la Population.

9. Avant la découverte des mines d'or en 1851, soixante mille sur quatre-vingt mille, autrement dit les trois quarts de la population, étaient groupés dans les Comtés de Bourke, Grant, Normanby et Villiers; mais en 1861 il y avait moins de la moitié de la population habitant ces provinces, c'est-à-dire, environ 250,000 sur 540,000; les 290,000 autres étant établis dans d'autres parties de la Colonie.

Municipalités et leur Population.

10. Melbourne, la capitale de Victoria, et la ville la plus peuplée d'Australie, renferme, y-compris les faubourgs, environ 123,000

habitants. La cité et ses environs sont renfermés dans un rayon de six miles, et sont divisés en quatorze Municipalités. Geelong, la seconde ville de Victoria, renferme trois Municipalités, contenant 23,000 personnes. En outre, il y a encore les trois petites villes maritimes de Portland, Belfast et Warrnambool, dont la population respective est de 2,804, 2,338 et 2,211 habitants. Les principales villes de l'intérieur se sont élevées dans le voisinage des mines d'or les plus importantes. La liste suivante en établit la population telle qu'elle a été relevée au dernier recensement (Avril, 1861) :—

	Population.
Ballaarat (renfermant deux Municipalités) ...	22,111
Sandhurst	12,995
Castlemaine	9,664
Maldon	6,444
Maryborough	2,477
Beechworth	2,316
Clunes	1,809
Ararat	1,455
Buninyong	1,207
Carisbrook	832

Les villes de l'intérieur, qui doivent leur prospérité principalement à l'Agriculture, sont :—

	Population.
Kyneton	2,095
Kilmore	1,675
Hamilton	1,197
Gisborne	627

11. Les villes dont il vient d'être fait mention contiennent en masse 220,340 âmes, ou plus de deux cinquièmes de la population totale de la Colonie, et jouissent d'administration locale. Les autres Municipalités sont celles de Creswick, Daylesford, Dunolly, Heathcote et Chewton, toutes d'une certaine importance, mais dont les listes de recensement n'ont pas encore été divisées.

Valeur de Propriétés chargées d'impôts.

12. Si nous en excluons la Municipalité nommée en dernier lieu, et qui avait été trop récemment formée pour qu'un impôt put être perçu, la valeur annuelle ou révenu des propriétés chargées de contributions a été évaluée en 1860 pour toutes les Municipalités à environ £2,300,000, ce qui, en les portant à dix fois le montant des revenus, représenterait une valeur immobilière de £23,000,000.

Les impôts à lever sont limités par un acte (18 Victoria No. 15, Clause XXX.) à un maximum de deux schellings par livre sterling, mais ils varient dans les différentes Municipalités de 9d. à 1s. 6d., la moyenne étant 1s. Le revenu provenant de ces impôts s'élevait en 1860 à la somme totale de £181,668, qui fut supplémenté par une allocation du Gouvernement de £143,060, faisant un total de revenu Municipal pour cette année de £324,728 contre une dépense de £336,629; les dépenses se montant donc un peu au-delà des recettes.

Conseils de Routes Communales.

13. Outre le système Municipal dont nous venons de parler, il y a encore dans la Colonie de Victoria une autre forme d'administration locale—celle des Conseils de Routes Communales—qui ont le pouvoir de prélever des impôts pour former et réparer les routes des districts auxquelles elles appartiennent. Ces Conseils de Routes Communales étaient, en 1860, au nombre de 42, et la valeur du revenu des propriétés à imposer dans le ressort de leur juridiction s'élevait à environ £500,000, portant la valeur totale des propriétés, d'après le même calcul, à une somme d'environ £5,000,000. Les taxes sont limitées à un maximum de soixante centimes par acre de terre cultivée, dix centimes par acre de pâturages et soixante centimes par livre sterling sur la valeur locative des maisons (16 Victoria No. 40, Clause XXVII.). Les revenus de ces Conseils de Routes Communales s'élevaient pour le montant des impôts à £30,000, supplémentés d'une allocation du Gouvernement de £80,000, formant un chiffre total de £110,000. Le montant total des dépenses faites par ces Conseils s'élevant à £113,000. On n'a pas encore, jusqu'à présent, trouvé moyen de déterminer d'une manière exacte la population renfermée dans chaque district de Conseils Communaux; mais il n'y a pas de doute, que si ces nombres, une fois déterminés, étaient ajoutés à la population des Municipalités, on trouverait que la grande majorité du peuple de son plein pouvoir sous forme d'administration locale.

Densité de la Population.

14. La population est nécessairement distribuée d'une manière fort inégale parmi les différents comtés et districts. Aussi, par exemple, il y a d'abord les divisions possédant de grandes villes et des mines d'or qui sont abondamment peuplées; en second lieu, il y

en a d'autres principalement affectées à l'élevage des bestiaux et à l'agriculture, et qui ne renferment que peu d'habitants ; et troisièmement enfin, il y a d'immenses étendues de terre qui non seulement sont presque désertes, mais encore n'ont été que partiellement explorées. Dans la première division on peut comprendre *Bourke*, le comté métropolitain, qui renferme 119 personnes au mile carré ; *Talbot*, qui renferme Castlemaine, le Mont Alexandre et d'autres champs-d'or importants, et qui a 55 personnes au mile carré. *Grant*, dans lequel se trouve Geelong et une partie des mines de Ballaarat, renferme 38·5 personnes par mile carré ; *Grenville*, contenant la portion principale de Ballaarat ainsi que d'autres mines d'or, et ayant 20·5 habitants par mile carré. *Dalhousie*, un comté considérable comme agriculture, et dans lequel se trouvent les villes de Kilmore et Kyneton, en renferme 17·2 par mile carré. Le district du *Loddon*, dans lequel se trouvent les mines d'or de Sandhurst, a 10·6 personnes au mile carré ; et *Villiers*, aussi un comté d'agriculture, et possédant les villes de Belfast et Warrnambool, renferme 8·3 personnes par mile carré. Dans la seconde division peuvent être placés *Ripon*, qui, malgré la ville et les mines d'or d'Ararat, et aussi malgré la population agricole habitant l'extremité située à l'Est du district, n'a que 5·4 personnes par mile carré ; *Normanby*, renfermant la ville de Portland, mais n'ayant que 4·1 personnes au mile carré ; *Evelyn*, avec 3·5 au mile carré ; *Mornington*, avec 2·4 au mile carré ; le *Murray*, renfermant la ville et les mines d'or de Beechworth ainsi que les Ovens, mais qui n'a pas plus de 2·3 habitants par mile carré ; *Hampden*, avec 2·2 au mile carré ; *Rodney*, *Dundas* et *Polwarth*, ayant moins de 2 habitants par mile ; et *Anglesey*, *Heytesbury* et *Follett*, ayant moins d'une personne par mile carré. Dans la troisième catégorie le *Wimmera*, bien qu'il renferme à son extrémité Sud-Est une mine d'or d'une exploitation importante, et qui est fort habitée, ne possède néanmoins, à cause de son immense étendue, qu'une personne par mile carré ; et *Gipps Land*, dont quelques parties n'ont jamais été explorées, ne renferme que ·4 par mile carré.

Capacité d'Augmentation de Population, consistante avec les densités actuelles.

15. En excluant les portions du Wimmera (environ deux tiers), qui sont couvertes d'épaisses broussailles, et en supposant que le reste de Victoria soit seulement aussi peuplé que les quatre Comtés

Bourke, Grant, Grenville et Talbot, qui ne possèdent pas de plus grandes capacités naturelles qu'aucune autre partie de la Colonie, et qui ensemble ont une moyenne de 56 personnes au mile carré, la population de Victoria serait repartie ainsi que suit :—

		Habitants.
1. La population actuelle des Comtés de Bourke, Grant, Grenville et Talbot		327,995
2. La population que les douze autres Comtés pourraient contenir s'ils étaient peuplés dans les mêmes proportions que les quatre Comtés nommés plus haut		1,013,376
3. La population, calculée de la même manière, des districts suivants :—		
Gipps Land	807,156	
Le Loddon	340,816	
Le Murray	751,968	
Rodney	100,016	
Wimmera (un tiers seulement)	506,128	
		2,506,084
Total		3,847,455

16. De cette façon, il est facile d'observer que, sans augmenter la densité de la population qui existe dans quatre des Comtés les plus peuplés, la Colonie de Victoria pourrait contenir plus de trois millions d'habitants de plus qu'elle n'en renferme maintenant.

17. On peut arguer que les quatre Comtés qui ont été nommés sont une exception, et que la densité de leur population n'existe qu'en conséquence de la Capitale, de la ville de Geelong, des mines d'or de Ballaarat et du Mont Alexandre, qui se trouvent dans leurs limites, et qu'on ne pourrait s'attendre à ce qu'une population d'une densité semblable puisse exister par toute la Colonie, à tout le moins pour des âges à venir. Si nous prenons Dalhousie comme exemple, un Comté qui dépend presqu'entièrement de son agriculture, qui n'est pas situé sur la côte, qui ne possède aucune grande ville ni mines d'or d'aucune importance, et qui cependant renferme 17·2 habitants au mile carré, ce qui est presque la moyenne de la population des portions de Victoria auxquelles nous avons fait allusion comme étant d'une étendue à peu près égale à celle de l'Ecosse, et supposant une population semblable distribuée dans toute la Colonie, à l'exception de la partie des landes du Wimmera, dont il a déjà été fait mention, nous trouvons que Victoria contiendrait plus d'un million (1,182,586) d'habitants sans augmenter le dégré de proximité de personne à personne qui existe aujourd'hui dans la Comté peu peuplé de Dalhousie.

*Nombre comparé des Naissances, Mariages et Morts dans la
Colonie de Victoria et en Angleterre.*

18. Le nombre des Naissances, Morts et Mariages comparé avec
celui de la Grande Bretagne, est toujours en faveur de la Colonie.
Ainsi, en examinant les résultats enregistrés des deux contrées
pendant une période de sept années de 1854–1860, toutes deux
inclusivement, nous trouvons, relativement à la moyenne de la
population, que pendant chaque année les mariages dans la
Colonie de Victoria ont été un peu au-dessus, et en Angleterre
tant soit peu au-dessous, de un pour cent. Les naissances dans la
Colonie de Victoria se sont élevées à 3·8 pour cent. et en Angleterre
à 3·4 pour cent.; mais les morts n'ont été pour Victoria que de 1·94
pour cent., tandis qu'en Angleterre elles s'élevaient à 2·2 pour cent.
La table suivante montre le résultat pour ces différentes années :—

TABLE III.—VICTORIA.

Années.	Proportion par chaque 100 de la moyenne de la Population.					
	Naissances.		Mariages.		Morts.	
	Victoria.	Angleterre.	Victoria.	Angleterre.	Victoria.	Angleterre.
1854	2·815	3·407	1·407	·858	2·341	2·352
1855	3·523	3·380	1·013	·810	1·955	2·266
1856	3·785	3·452	1·081	·837	1·504	2·050
1857	4·061	3·435	1·051	·824	1·732	2·175
1858	4·126	3 357	·934	·799	1·864	2·303
1859	4·294	—*	·922	—*	1 798	—*
1860	4·237	—	·807	—	2·292	—
Moyenne des proportions annuelles...	3·834	3·406	1·031	8 26	1·941	2 229

Naissances, Mariages et Morts pendant sept années dans Victoria.

19. Le nombre des Mariages pour la Colonie de Victoria de
1854 à 1860 a varié de 3,762 en 1854 à 4,770 en 1859. En 1860
il est redescendu à 4,351. Ce chiffre est néanmoins encore au-dessus
de la moyenne annuelle des mariages pendant les sept années.
Le nombre des naissances, pendant la même période, a constam-

---

* Le dernier rapport du Bureau de l'Enregistrement général d'Angleterre qui est parvenu à la
Colonie est celui daté 30 Juin, 1860, et ayant rapport à l'année 1858.

ment augmenté de 7,257 pour 1854 à 22,854 pour 1860 ; et le nombre des morts a montré aussi une augmentation semblable dans son total annuel. Pendant l'année passée (1860) on remarquera que le nombre des morts était 33 pour cent. de plus que le nombre de celles de l'année précedente. Ce résultat peut être attribué principalement a la prévalance d'attaques épidémiques de Scarlatine et de Rougeole, maladies qui auparavant étaient presque inconnues dans la Colonie. L'attention toute spéciale du Conseil de Santé a été dirigée de ce coté, et les précautions qui ont été recommandées modifieront à l'avenir, nous n'en doutons pas, l'influence de ces maladies épidémiques. Dans la Table IV. sont donnés les nombres de Naissances, Morts et Mariages enregistrés pendant les sept dernières années.

TABLE IV.—VICTORIA.—*Naissances, Mariages et Morts*, 1854 à 1860.

Années.	Naissances.	Mariages.	Morts.
1854	7,527	3,762	6,258
1855	11,919	3,846	6,614
1856	14,419	4,116	5,730
1857	17,490	4,524	7,455
1858	19,963	4,552	9,016
1859	22,209	4,770	9,299
1860	22,854	4,351	12,361
Total en 7 années ...	116,381	29,921	56,733

Mortalité chez les Enfants par rapport au climat.

20. On trouvera toujours que la mortalité chez les enfants en bas âge, en tout pays, a une relation intime avec les influences du climat auxquelles ils sont sujets. En effet, toutes autres conditions étant égales, il est impossible de trouver un moyen tout à la fois plus sûr et plus sévère de prouver la salubrité d'un pays que de considérer l'état de santé des enfants formant partie de sa population. Beaucoup de personnes ont pensé que le climat de Victoria était particulièrement funeste aux enfants en bas âge, et il n'y a pas de doute que la mortalité est trop grande et que beaucoup pourrait être fait pour la diminuer ; mais cela peut être dit également de toute autre nation qui a publié des statistiques sur l'exactitude desquelles on peut s'en rapporter. Sous le rapport de la mortalité chez les enfants en bas âge, la Colonie de Victoria peut supporter une comparaison favorable avec la Grande Bretagne.

Comme je l'ai dit ailleurs : " Quelque soit la possibilité par le simple exercice du sens commun, et aussi par l'habileté des médecins, de réduire le nombre des morts chez les enfants en bas âge, le montant actuel de mortalité pour cent., dans la Colonie, n'est pas aussi élevé que celui de beaucoup de villes et de campagnes de la mère-patrie. Le district Métropolitain de Melbourne peut soutenir une comparaison favorable, non seulement avec celui de Londres, mais encore avec les Comtés de Cambridge, Bedford, Norfolk et Buckingham, tandis que le reste de notre Colonie marche de pair avec les provinces les plus favorisées, sous ce rapport, de notre mère-patrie."*

21. En Angleterre l'époque la plus fatale est la saison d'hiver; dans la Colonie de Victoria cette malheureuse distinction est réservée aux mois d'été. Les différences dans le nombre des morts pour chaque mois de l'année sont démontrées d'une manière frappante par le tableau suivant relatif aux morts d'enfants au-dessous de l'âge de douze mois, dont l'observation a été faite pendant trois années consécutives :—

TABLE V.—VICTORIA.—*Morts d'Enfants, et proportion pour cent. par chaque mois de l'année.*

Mois.	Morts d'Enfants par toutes causes pendant chaque mois.	Proportions pour cent.
Juillet	378	5·98
Août	294	4·65
Septembre	274	4·33
Octobre	300	4·74
Novembre	423	6·69
Décembre	643	10·16
Janvier...	837	13·23
Février	825	13·04
Mars	879	13·89
Avril	681	10·77
Mai	415	6·56
Juin	377	5·96
Total de tous les mois pendant trois années	6,326	100·00

22. Les mois pendant lesquels les morts d'enfants sont moins fréquentes sont généralement, Mai, Juin, Juillet, Août, Septembre et Octobre, époque à laquelle la température de chaque jour à Melbourne est au-dessous de 57·8° Fahrenheit, qui est la moyenne

---

* Voyez *Faits et Chiffres*, vol. II. page 8.

annuelle de Melbourne, et environ sept dégrés au-dessus de la moyenne annuelle de Londres. Les mois pendant lesquels les morts sont plus fréquentes sont ceux pendant lesquels la température excède la moyenne, c'est-à-dire, Novembre, Décembre, Janvier, Février, Mars et Avril.

23. La moyenne du nombre des maladies zymotiques, chez les enfants en bas âge, varie, d'une moitié de l'année à l'autre, de 14 à 86 pour cent. sur le chiffre total des décès ; ou en d'autres termes, pendant la moitié de l'année où les morts causées par les maladies épidémiques et endémiques sont plus fréquentes, c'est-à-dire, quand la moyenne mensuelle de la température s'élève à presque 65° Fahrenheit, les décès sont six fois plus nombreux que pendant l'autre moitié de l'année, où les morts sont moins nombreuses et pendant laquelle la moyenne mensuelle de la température ne s'élève qu'à un peu plus de 53° Fahrenheit.

24. En ce qui concerne les enfants et adultes, l'époque de plus grande mortalité, ou saison des chaleurs, n'est pas aussi funeste pour ceux dont les organes de la respiration sont atteints que pour ceux qui souffrent ou sont prédisposés à presque toute autre maladie ; l'époque du plus grand nombre de décès causés par les maladies de poitrine étant la saison des froids.

Habitants des Tentes.

25. Nous ferons remarquer en outre, par rapport au climat, ce qui ne manque pas d'intérêt ; c'est qu'en 1857 il y avait 140,892 personnes formant partie d'un total de 410,766, c'est-à-dire, plus d'un tiers de la population de Victoria, qui vivaient sous des tentes. Sans nous arrêter à considérer les différentes occupations de ceux qui sont ainsi exposés aux changements si soudains de toutes saisons, il est un fait certain en faveur de l'état sanitaire de la Colonie, c'est que malgré tous les dangers qui existent pour ceux qui sont ainsi exposés, le nombre proportionnel des décès est moins considérable parmi ceux qui vivent dans la Colonie de Victoria que parmi ceux qui résident dans les demeures plus habitables de la mère-patrie.

De la Force Physique de la Population.

26. La force physique d'une population est un fait fort important à reconnaître, et qui trouve place dans la discussion d'un grand

nombre de questions politiques et sociales : un des éléments digne d'une notice toute spéciale, est la différence qu'on rencontre en divisant la population par périodes d'âge : ainsi, par exemple, en Angleterre on a determiné qu'en 1851 il y avait 451 personnes au-dessous de vingt années et 72 au-dessus de soixante ans, ou en tout 523 personnes, sur chaque mille de la population totale des deux sexes qui, suivant toute probabilité, étaient à la charge des 477 autres. Tandis qu'en ce qui a rapport à la Colonie de Victoria, nous trouvons par un calcul semblable qu'en 1857 il n'y avait que 396 personnes au-dessous de 20 ou au-dessus de 60 ans sur chaque mille de tous âges ; laissant 604 personnes entre vingt et soixante ans pour protéger et subvenir aux besoins d'un nombre moins considérable de vieillards et d'enfants. Ou encore si nous nous basons sur la supposition que les classes dépendantes sont limitées aux enfants au-dessous de dix ans et aux vieillards de 70 ans et plus, et que la population ontre 10 et 20 ans et entre 60 et 70 peut se subvenir, alors le poids des classes dépendantes (au-dessous de 10 ans et au-dessus de 70) retombe sur ceux qui sont entre les âges de 20 et 60 ans. Il sera tout à la fois intéressant et instructif de remarquer comment la population a varié sous ce rapport entre les dénombrements de 1854 et 1857. En 1854 les enfants au-dessous de dix ans étaient au nombre de 46,170, et les vieillards de 70 ans et au-dessus étaient au nombre de 422, formant un total de 46,592 aux besoins desquels avaient à subvenir ceux qui étaient entre 20 et 60 ans au nombre de 146,937. Ainsi donc 31·7 pour cent. étaient à la charge des 68·3 autres. D'après le recensement de 1857, qui est le dernier où les âges ont été classés, les personnes entre 20 et 60 ans, c'est-à-dire, celles subvenant aux besoins des autres, étaient au nombre de 239,971, qui était une augmentation d'environ 63 pour cent. : mais, pendant la même période, les classes dépendantes avaient augmenté de plus de 94 pour cent., les enfants au-dessous de dix ans étant au nombre de 89,652, et les vieillards au-dessus de soixante-dix ans formant un chiffre de 840, ou un total de 90,492 personnes ne pouvant pas travailler et à la charge des 239,971 dont il a déjà été fait mention : ces derniers ayant donc à leur charge 38 pour cent. de leur nombre total. Comme depuis 1857 il y a eu un plus grand nombre de naissances dans la Colonie et moins d'immigration que pendant les années précédentes, comme accroissement de population, il est probable que le recensement d'Avril, 1861, montrera une augmentation plus grande encore des classes dépendantes contrastées avec celles qui se suffisent à elles-mêmes. En Angleterre, au recensement de 1851, la première classe se montait à 57 pour cent. de la seconde, ou classe des producteurs ; et bien qu'il puisse se passer encore longtemps avant que ceux qui se suffisent aient à leur charge un aussi grand nombre de dépendants, il faut néanmoins admettre le développement naturel des responsabilités paternelles et filiales en considérant les causes d'augmentation dans les demandes sur les moyens d'existence de nos familles coloniales.

27. Si Victoria a beaucoup plus d'adultes mâles d'âge valide (20 à 40), en proportion du nombre total de sa population, que la Grande Bretagne n'en possède, de même en ce qui a rapport aux femmes dans l'âge de maternité et au-dessous, Victoria a encore l'avantage : car tandis que les femmes en Angleterre (en 1851) au-dessous de l'âge de 40 ans étaient 743 par chaque mille de tout âge, celles de Victoria au-dessous de 40 ans étaient 900 par chaque mille. Pour expliquer ce fait on a préparé le tableau suivant, dans lequel la limite de la vie humaine est fixée à 100 ans. Cette époque est divisée en cinq périodes, moins grandes, de 20 années, et le nombre d'hommes et de femmes vivant entre chacune de ces périodes en proportion de chaque mille de la population totale a été donné pour la Colonie de Victoria et la Grande Bretagne, de façon que la force comparative de la population des deux pays peut être vue du premier coup d'œil.

TABLE VI.—VICTORIA.—*Comparaison d'âges d'Hommes et de Femmes avec ceux de la Grande Bretagne.*

Périodes de Vingt années.	Hommes et Femmes par 1000 à différentes âges.			
	Hommes.		Femmes.	
	Victoria.	Angleterre.	Victoria.	Angleterre.'
Au-dessous de 20 ans ...	296	461	472	441
Entre 20 et 40... ...	554	307	429	312
Entre 40 et 60... ...	136	165	89	168
Entre 60 et 80... ...	11	62	8	71
Entre 80 et 100 ...	3	5	2	7
	1000	1000	1000	999

28. En Avril, 1857, ont été énumérées dans la Colonie de Victoria 55,841 femmes mariées qui étaient au-dessous de l'âge de 45 ans, divisées par périodes de cinq années ainsi que suit:—4 au-dessous de 15 ans; 1,912 entre 15 et 20 ans; 12,812 entre 20 et 25 ans; 15,856 entre 25 et 30 ans; 8,090 entre 35 et 40; et 5,141 entre 40 et 45 ans. Pendant l'année se terminant le 30 Juin, 1857, le nombre des naissances enregistrées s'élevait à 15,937, dont 249 furent déclarés illégitimes, laissant 15,668 enfants nés de l'union conjugale, ou environ une naissance par chaque 3·56 du nombre des femmes mariées au-dessous de 45 ans.

29. En Angleterre il a été démontré que le nombre des enfants qui naissent chaque année est dans la proportion de 224 par chaque mille femmes mariées entre 15 et 55 ans. En 1857 il y avait 60,460 femmes mariées dans la Colonie de Victoria entre ces périodes d'âge, et la proportion était de 203 par 1,000 pour cette année.

OCCUPATIONS DE LA POPULATION.

Occupations.

30. Les différentes occupations de la population, telles qu'elles ont été énumérées par le recensement de 1861, n'ont pas encore été relevées, mais le tableau suivant démontrera les proportions relatives qui existaient à l'époque des trois recensements de 1851, 1854 et 1857.

TABLE VII.—VICTORIA.—*Emplois de la Population en 1851, 1854 et 1857.*

Classes.	1851.	1854.	1857.
Employés du Gouvernement, professions libres et commerce	8·16	8·68	5 58
Classes ouvrières et manufacturières	12·21	14·07	11·33
Classe des mineurs d'or ...	nil	15·35	20·07
Classes pastorales et agricoles ...	15·05	6·11	9 01
Classe d'employés et de domestiques	5·96	9·00	9·27
Classes diverses (comprenant les femmes et les enfants)	58·62	46·79	44·74
	100·00	100·00	100·00

Proportion pour cent. des différentes Classes.

31. On remarquera que les classes composées de commerçants et d'employés du Gouvernement sont restées presque les mêmes dans leurs proportions relativement au total des deux premières périodes, mais qu'en 1857 il y avait une diminution de près de trois pour cent. dans cette proportion. Les classes ouvrières et manufacturières sont arrivées à la plus haute proportion du total dans la seconde période, mais elles sont tombées en 1857 au-dessous même du niveau de 1854. Le recensement de 1851 ayant été fait avant la découverte des mines d'or qui eut lieu cette année, la classe des mineurs d'or ne put être reconnue que dans le dénombrement suivant, soit en 1854, lorsqu'il fut trouvé qu'ils formaient un total s'élevant au-dessus de 15 pour cent. de toute la population. En 1857 cette classe comprenait un cinquième de la population. Les classes agricoles et pastorales étaient en plus grand nombre, relativement au total, en 1851 ; mais le flux d'autres personnes ayant d'autres professions fit diminuer cette proportion de plus de la moitié en 1854. Un renouvellement d'intérêt dans la cause de l'agriculture augmenta le nombre des personnes s'en occupant de 50 pour cent. entre 1854 et 1857 ; à cette époque la proportion de cette classe s'élevait à 9 pour cent. de toute la population. En ce qui concerne la classe des personnes chargées de services domestiques, la proportion en était de 9 pour cent. de la population totale en 1851 ; tandis qu'en 1854, 4½ pour cent. des 9 pour cent. dont it est fait mention étaient domestiques ; de même en 1857 5 pour cent. étaient domestiques, les 4·27 pour cent. autres étant composés de personnes aidant à la vente d'objets de nécessité première et à la confection d'articles d'habillements, de sorte qu'en 1857 la proportion des domestiques comparée avec la population totale était moins considérable qu'en 1851. Les pauvres, malades et pensionnaires des hôpitaux, n'avaient pas été relevés séparément jusqu'en 1857, époque à laquelle ils étaient au nombre de 1,077.

Militaires et Volontaires.

32. Le nombre des militaires stationés dans la Colonie a varié récemment en conséquence de la guerre de la Nouvelle Zélande. Au commencement de l'année il y avait 147 soldats de la ligne et 27 des Ingénieurs Royaux. L'agitation causée par la formation de troupes de Volontaires a été, ici comme en Angleterre, très considérable.

Les Volontaires en 1860 étaient au nombre de :—

Artillerie de Victoria	419
Carabiniers de Geelong	235
Carabiniers à cheval	194
Corps de Yeomen à cheval	118
Volontaires de Marine	201
Volontaires Carabiniers	2,781
Total	3,948

33. Les dépenses occasionnées à la Colonie par l'équippement de Volontaires se montait pour l'année 1860 à une somme de £15,342 12s. 8d.

PRODUITS.

Industrie Pastorale.

34. La propagation du bétail, pour laquelle le climat et les riches pâturages de Victoria offrent de si grands avantages, fut le premier intérêt colonial qui obtint un grand développement. L'étendue des terres occupées comme pâturages a été évaluée approximativement en 1856 à 32,326,468 acres. Pendant cette année 1,174 privilèges furent obtenus, et en 1860, malgré l'immense quantité de terres vendues pendant les quatre années précédentes, le nombre des éleveurs ayant des privilèges d'occupation de terres s'élevait au chiffre de 1,223. Le tableau suivant montrera la quantité de moutons, bêtes à cornes et chevaux dénombrés à différentes époques; l'accroissement de l'intérêt pastoral d'époque en époque est ainsi démontré.

TABLE VIII.—VICTORIA.—*Bétail*, 1841-1860.

Années.	Moutons.	Bêtes à Corne.	Chevaux.
1841	782,283	50,837	2,372
1846	1,792,527	231,602	9,289
1850	5,318,046	346,562	16,733
1855	5,332,007	481,640	27,038
1860	5,794,127	683,534	69,288

35. Les produits de l'Industrie Pastorale qui ont été exportés depuis la fondation de la Colonie sont relevés dans le tableau suivant, par lequel on pourra voir que les exportations de laines, suifs, cuirs et peaux, ont réalisé de 1857 à 1861 une valeur se montant à 20,258,306 livres sterling.

TABLE IX.—VICTORIA.—*Exportation de Laines, Suifs, Cuirs et Peaux,*
1837–1860.

Année.	Laines.		Suifs.		Cuirs et Peaux.
	Quantité.	Valeur.	Quantité.	Valeur.	Valeur.
	lbs.	£	lbs.	£	£
1837	175,081	11,639	2,240	28	22
1838	320,383	21,631	18,114	489	117
1839	615,603	45,226	18,552	396	249
1840	941,815	67,902	48,048	953	251
1841	1,714,711	85,735	44,900	786	561
1842	2,828,784	151,446	78,400	975	801
1843	3,826,602	201,383	117,258	1,700	743
1844	4,326,229	174,044	961,032	13,907	989
1845	6,841,813	396,537	846,155	12,267	1,913
1846	6,406,950	351,441	250,880	3,049	2,256
1847	10,210,038	565,805	1,255,744	15,802	3,267
1848	10,524,663	556,521	3,013,808	37,968	2,066
1849	14,567,005	574,594	7,800,716	100,261	2,184
1850	18,091,207	826,190	10,056,256	132,863	5,196
1851	16,345,468	734,618	9,459,520	123,203	7,414
1852	20,047,453	1,062,787	4,469,248	60,261	13,306
1853	20,842,591	1,651,871	982,833	13,252	11,811
1854	22,998,400	1,618,114	1,340,752	22,750	29,465
1855	22,584,234	1,405,659	1,376,816	29,117	41,871
1856	21,968,174	1,506,613	1,970,976	35,980	72,103
1857	17,176,920	1,335,642	4,843,216	62,363	191,828
1858	21,515,958	1,678,290	2,275,056	43,987	106,527
1859	21,660,295	1,756,950	548,352	10,354	172,446
1860	24,273,910	2,025,066	788,144	18,269	144,236
Sommes totales	290,804,287	18,805,704	52,567,016	740,980	811,622

36. Outre les différents articles dont il a été fait mention dans
le tableau précédent, des chevaux, bêtes à cornes et moutons, ont
été envoyés, à différentes époques, en nombre considérable, soit
aux Indes, soit aux Colonies adjacentes ou ailleurs ; et les os,
cornes et sabots, ont été aussi d'importants et continuels produits
d'exportation.

Acclimatation.

37. En outre de tout ce qui a été fait pour le développement des
capacités de la Colonie, on doit ajouter que des efforts énergiques
ont été faits récemment pour s'assurer de l'introduction et de
l'acclimatation d'animaux étrangers. Un site nouveau et précieux,
formant partie du Parc Royal à Melbourne, a été concédé par le
Gouvernement pour les opérations de la Société d'Acclimatation ; et
une allocation, en addition à des sommes importantes provenant
de souscriptions particulières, a été votée par l'Assemblée Legis-

lative, soit £1,000 pour bâtiments et clôtures, £2,000 pour un nouvel envoi de pure Alpacas, £500 pour l'introduction du Saumon et £500 pour d'autres animaux.

38. Des consignations d'animaux précieux ont déja été faites d'Angleterre, de France, de l'Inde et d'autres pays éloignés. Les animaux dont les noms suivent sont déja dans les jardins publics de Melbourne et des environs :—

3 Chameaux (et environ 20 autres accompagnant l'éxpédition d'exploration).	3 Ours natifs.	6 Oies du Canada.
3 Cerfs de Ceylon.	5 Kanguroux.	17 Oies de Chine.
3 Daims tigrés de l'Inde.	3 Rats Kanguroux.	2 Oies col blanc.
2 Pourceaux tigrés de l'Inde.	3 Emeus.	2 Oies Egyptiennes.
19 Pourceaux fauves.	1 Dindon sauvage.	2 Oies du Cap Barren.
37 Llamas Alpacas, de race croisée.	3 Poules d'Inde.	20 Canards Muscovy.
3 Boucs Alpacas, pure race.	1 Grue Marabout.	16 Canards sauvages Anglais.
8 Chèvres Angora.	3 Compagnons des natifs.	5 Canards, forme coquille.
3 Moutons d'Abyssinie.	1 Pélican Indien.	4 Canards de la Caroline.
1 Mouton du Bengal.	12 Faisans dorés.	10 Canards de Leurre.
16 Moutons de Chine.	17 Faisans argentés.	1 Canard de la Nouvelle Zélande.
1 Mouton du Cap.	21 Faisans Anglais.	11 Curassows.
1 Sanglier.	4 Poules Mallaises.	2 Bécasses de mer.
10 Singes.	3 Perdrix Indiennes.	20 Grives.
1 Chakal.	2 Perdrix Anglaises.	12 Merles.
1 Screwtail.	8 Cailles de Californie.	10 Chardonnerets.
2 Mongooses.	5 Cailles Australiennes.	8 Linottes.
1 Chat tigre.	2 Tourterelles de Fiji.	5 Passereaux de Java.
1 Porc-épic.	2 Tourterelles de Ceylon.	13 Pinçons Indiens. ·
7 Opossums.	2 Tourterelles de Manille.	2 Gigantesques Martin Pêcheurs.
3 Opossums volants.	21 Tortues.	2 Pies.
1 Wombat.	3 Eperviers.	8 Ortolans.
	6 Aigles.	1 Rossignol.
	9 Hiboux.	12 Serins.
	4 Cygnes noirs.	
	8 Cygnes blancs.	

Et une quantité de carpes, de tanches, de vandoises, de gardons et de poissons d'or.

En sus de ces animaux plusieurs oiseaux venant d'Angleterre ont été mis en liberté dans différentes parties de la Colonie, avec un tel succès que, d'après les termes du rapport du Comité de la Société d'Acclimatation, " La Grive, le Merle, le Rossignol peuvent être considérés maintenant comme établis, d'une façon permanente, parmi nous, les trois premiers se faisant entendre de tous cotés." Les oiseaux suivants ont été placés dans différentes parties de la Colonie :—

18 Serins.	9 Faisans.	38 Grives.
22 Merles.	20 Rossignols.	8 Sansonnets.

39. Le district de Port Phillip (nommé subséquemment Victoria, en honneur de Sa Majesté) fut séparé de New South Wales

(Nouvelles Galles du Sud) le premier Juillet, 1854, et quelques semaines après les mines d'or de Victoria furent découvertes. A la fin de Décembre de la même année de l'or pour une valeur de plus d'un demi million sterling avait été découvert, et le produit de chaque année est indiqué dans le tableau suivant:—

TABLE X.—VICTORIA.—*Exportation de l'Or*, 1851–1860.

Année.	Quantité.			Valeur totale à £4 per oz.
	oz.	dwts.	grs.	£
1851	145,146	14	16	580,587
1852	2,724,933	5	1	10,899,733
1853	3,150,020	14	16	12,600,083
1854	2,392,065	9	19	9,568,262
1855	2,793,065	8	16	11,172,261
1856	2,985,695	17	0	11,942,783
1857	2,761,528	8	0	11,046,113
1858	2,528,187	19	12	10,112,752
1859	2,280,675	13	0	9,122,702
1860	2,156,660	12	0	8,626,642
Total ...	23,917,980	2	8	95,671,918

40. L'or dont il a été fait mention dans le tableau ci-dessus a passé d'une façon régulière par les Douanes; mais une quantité considérable a quitté la Colonie à différentes époques entre les mains de diverses personnes. On a supputé ce qui avait passé ainsi de la Colonie jusqu'à la fin de 1860 à plus de deux millions d'onces (2,067,064 oz.); ce qui, ajouté à la quantité qui a passé les Douanes, donnerait un total de 25,985,044 onces, d'une valeur de 80s. par once, représentant une somme de £103,940,176.

Agriculture.

41. Avant la découverte de l'or l'agriculture avait fait un progrès considérable dans la Colonie de Victoria. En 1850 il n'y avait pas moins de 52,185 acres en culture, lorsque la population n'était que de 76,000. Après la découverte des mines d'or la culture des terres diminua pour quelque temps, 34,641 acres seulement ayant été mis en culture en 1854, lorsque la population s'élevait à 236,798. Mais depuis cette époque un nouvel élan a été donné aux travaux d'agriculture, et chaque année a présenté une augmentation de terres en culture. Ainsi en 1857 il y avait 179,982 acres de terre en culture, la population se montant alors à 410,766, et à la fin de Mars, 1861, avec une population de 546,000,

il y avait 419,592 acres de terre en culture. Les principales récoltes ont été blé, avoine, orge, pommes de terre et foin. Le nombre d'acres qui ont été mis en culture pour chacune de ces récoltes pendant l'année 1851, année de la découverte de l'or, jusqu'à l'année courante, sera trouvé dans le tableau suivant :—

TABLE XI.—VICTORIA.—*Principales Récoltes*, 1851–1861.

Année terminant le 31 Mars.	Total d'acres en culture.	Nombre d'acres de terre en				
		Blé.	Avoine.	Orge.	Pommes de terre.	Foin.
1851	52,176	28,567	4,092	3,831	2,837	12,782
1852	57,296	29,623	6,426	1,327	2,375	16,745
1853	36,662	16,823	2,947	411	1,978	14,045
1854	34,651	7,553	2,289	411	1,636	21,645
1855	54,715	12,827	5,341	691	3,297	31,443
1856	115,135	42,686	17,800	1,548	11,017	40,111
1857	179,982	80,154	25,024	2,233	16,281	51,910
1858	237,729	87,230	40,222	5,409	20,697	75,536
1859	298,959	78,234	77,526	5,322	30,026	86,162
1860	358,728	107,093	90,167	4,102	27,622	98,570
1861	419,592	162,232	86,260	4,119	24,829	90,860

42. Pendant la même période de onze années le produit moyen du blé a été de 22·7 boisseaux par acre, de l'avoine 27·2 boisseaux et de l'orge 25·5 boisseaux. La moyenne du produit des pommes de terre a été de 2·65 tons et celle du foin de 1·63 tons par acre.

Consommation annuelle de Blé, et proportion cultivée dans la Colonie.

43. Dans l'année qui précédait la découverte des mines d'or la quantité de blé produit dans la Colonie a été suffisante, moins environ un dixième, pour les besoins de sa population, alors peu considérable ; mais, en conséquence de la diminution dans les travaux d'agriculture dont nous avons parlé plus haut, cette proportion a diminué d'année en année jusqu'à ce que vers les années 1854 et 1855 un dixième seulement de la quantité nécessaire fut récolté dans la Colonie, les neuf dixièmes étant importés. Depuis cette époque, cependant, la quantité de blé produit dans Victoria chaque année, si ce n'est en 1859, a été dans une beaucoup plus grande proportion du total applicable aux besoins des colonistes. Par un calcul fait avec soin, basé sur la quantité de blé produit dans la Colonie, l'excédant de l'importation sur l'exporta-

tion de blé, farine et pain, et la moyenne de la population de la Colonie, par chaque année, j'ai démontré ailleurs,* que la quantité nécessaire à la consommation de chaque individu était de 7 à 8 boisseaux par année. Les chiffres démontrant les quantités approximatives qui ont été disponibles pour la consommation pendant les dernières dix années, ainsi que ceux dénotant les proportions des quantités produites dans la Colonie, sont donnés dans le tableau suivant, le premier calcul étant fait, depuis 1857, inclusivement et exclusivement de Chinois, qui, comme consommateurs de riz en lieu de pain, doivent être pris en compte pour arriver à une appréciation correcte.

TABLE XII.—VICTORIA.—*Proportion de Blé produit dans la Colonie, et quantités de toutes autres sources pour la consommation personelle, 1851–1860.*

Années.	Proportion pour cent. de blé récolté dans Victoria sur la quantité totale de la consommation.	Nombre de boisseaux de blé, disponible pour la consommation de chaque individu.	
		Inclusivement de Chinois.	Exclusivement de Chinois.
1851	71 95	8·90	—
1852	37·77	14·61	—
1853	25·02	10·20	—
1854	10·02	5·75	—
1855	10·06	7·35	—
1856	33·92	8·88	—
1857	48·69	8·87	9·54
1858	54·58	6·85	7·38
1859	44·45	6·80	7·40
1860	59·46	7·16	7·66

Récoltes de second ordre.

44. En plus des récoltes principales dont il a déja été fait mention, le fourrage vert pour les bestiaux, consistant principalement en orge, avoine ou maïs coupé en herbe, est le second en importance. Pendant la saison dernière 6,058 acres ont été livrés à cette sorte de produits, et 11,700 acres ont été mis en lucerne. Une plus grande étendue de terrain a été aussi, d'année en année, livrée à des récoltes de second ordre, telles que maïs et sorghum pour grains, seigle, pois, haricots, millet, navets, mangold-wurzel, betteraves, carrotes, panais, oignons et tabac, qui poussent tous avec une grande abondance dans la Colonie de Victoria. Le besoin de fruits et de légumes, et les capacités éminentes de la terre et du climat pour

---

* Voyez *Notes Statistiques des Progrès de Victoria*, depuis la Fondation de la Colonie, 1835–1860, page 50. 4to. Melbourne : Ferres, 1861.

produire ces récoltes en perfection, ont eu pour effet de faire planter 7,300 acres de vergers et jardins potagers, formant une augmentation en trois années de 2,500 acres, ou plus d'un tiers.

De la Vigne.

45. La culture de la vigne a depuis quelque temps excité beaucoup d'intérêt, et plusieurs Sociétés par Actions ont été projetées en vue de l'avancement de cette branche d'industrie : le relevé de l'année courante montre 1,133 acres de vignobles déja en existence, qui, outre 8,000 cwt. de raisin envoyés au marché, ont produit 11,643 gallons de vin et 260 gallons d'eau de vie. Les sarments, dans bien des cas, ayant été plantés tout récemment, ce résultat est donc aussi satisfaisant qu'on pouvait s'y attendre.

Manufacture.

46. Les efforts de la population de Victoria se sont, jusqu'à present, tout naturellement dirigés plutôt vers la production de matières premières que vers l'industrie manufacturière : cette dernière, néanmoins, n'a pas été complètement négligée, et le compte-rendu de 1860 ne montre pas moins de 474 moulins et manufactures de différentes sortes en activité. Parmi lesquels ceux qui avaient rapport à l'agriculture, ou en dépendaient, étaient au nombre de 129, et consistaient en 94 moulins pour moudre et apprêter les grains, dont 86 étaient mus par la vapeur, 7 par l'eau et 1 par le vent; 1 manufacture de gruau, 3 manufactures de biscuits, 20 manufactures d'instruments aratoires, 7 machines à vapeur, servant à couper la paille-menue, et 4 manufactures d'engrais d'os : 67 autres travaillaient sur les matières premières, produit de l'intérêt pastoral, et consistaient en 28 tanneries, 21 manufactures de savons et chandelles, 15 corroyeurs et peaussiers, 2 trieurs et laveurs de laines et 1 manufacture de bourre de laine. Les manufactures d'objets de consommation, dont la matière première n'est pas le produit de l'agriculture, et aussi de boissons, étaient au nombre de 77, ainsi qu'il suit : 1 raffinerie de sucre et distillerie, 2 moulins à vapeur pour cafés et épices, 2 manufactures de glace, 38 brasseries, 28 manufactures de bière de gingembre et eaux gazeuses, 7 manufactures de liqueurs et 2 manufactures de cidre. Le nombre d'ateliers pour la fabrication d'articles de construction et de travaux plastiques était de 127,

ainsi qu'il suit : 64 scieries mécaniques, 8 fours à chaux, 50 briqueteries, 4 manufactures de tuyaux d'égouts et de tuiles et 1 poterie. Les manufactures de machines et instruments de fer et de cuivre étaient au nombre de 33, ainsi divisées : 20 fonderies de fer, cuivre et laiton, 2 laminoirs de fer, 6 fabriques de moulins et machines, 1 manufacture de scies, 1 fabrique d'objets en fil de fer, 1 fabrique de tuyaux de plomb, 1 fabrique de chaines et 1 fabrique de chaudières. Les différentes autres fabriques et manufactures sont ainsi qu'il suit : 21 manufactures de voitures, 1 manufacture de voitures de chemins de fer, 3 fabriques d'orgues et de pianos, 6 chantiers de construction de navires, 5 gazomètres, 2 argenteurs, 2 fabriques de crins et 1 fabrique de balances.

Inventions.

47. Le nombre total des brevets d'invention qui ont été pris dans la Colonie, se monte à 417, dont 328 sont maintenant en vigueur. Ils sont ainsi qu'il suit :—

Brevets émis dans la Colonie de Victoria en vigueur au 24 Septembre, 1861.

Classe 1. Instruments d'agriculture, etc.	14
„ 2. Métallurgie, manufacture de métaux et instruments ...	121
„ 3. Manufacture de tissus et machines pour la préparation de substances fibreuses	3
„ 4. Procédés chimiques, manufactures et composés, comprenant drogues, teintures et couleurs, distillerie, fabrication de savons et chandelles, mortiers, ciments, etc.	21
„ 5. Calorifiques, comprenant lampes, cheminées, fournaises, fourneaux, préparation de combustibles, ventilateurs, etc.	9
„ 6. Machines à vapeur, gazomètres, chaudières et fournaises ...	12
„ 7. Instruments de marine et de navigation, navires, cloches à plonger, appareils de sauvetage, etc.	6
„ 8. Instruments mathématiques, philosophiques, d'optiques et d'horlogerie...	4
„ 9. Instruments d'architecture et de génie, et appareils employés pour les chemins de fer, ponts et travaux hydrauliques ...	18
„ 10. Transports par terre, routes, voitures, roues, etc.	7
„ 11. Machines et appareils hydrauliques et pneumatiques, roues hydrauliques, moulins à vent, etc.	15
„ 12. Leviers, vis et force mécaniques appliqués à presser, peser, lever et remuer des poids, etc.	1
„ 13. Moulins de broiement, d'engrenages et de grains, mouvements mécaniques et de force motrice	6
„ 14. Machines de déchargement et à préparer les bois	10
„ 15. Manufacture d'articles de pierre et d'argile, poterie, verre, brique, pierre et ciments	24

Classe 16. Corroierie et manufacture de bottes, harnais, etc. ... 4

„ 17. Manufacture de meubles, d'ustensils de service domestique, matelas, etc. 14

„ 18. Beaux-arts, musique, peinture, sculpture, gravure ; livres, papier, imprimerie, reliure, orfévrerie, etc. 7

„ 19. Armes à feu, munitions de guerre, etc. 20

„ 20. Instruments de médecine et de chirurgie, bandages, appareils de bains, etc. 1

„ 21. Objets d'habillement, articles de toilette et leurs manufactures 4

„ 22. Divers 7

Total 328

COMMERCE ET CIRCULATION.

Communication à l'Intérieur.

48. Il y a à peine huit années qu'il n'existait qu'un seul pont de pierre et quelques ponts de bois dans la Colonie, et qu'il n'y avait pas un mile de route macadamisée dans Victoria, hors la ville de Melbourne. Le Conseil Central des Routes fut établi en 1853, et sous ses auspices, ainsi que ceux du bureau des Ponts et Chaussées qui fut formé ensuite, les travaux du Gouvernement dans cette branche du service public se résument comme suit :—

PONTS ET CHAUSSÉES.

Dépenses faites par le Gouvernement de Victoria du 1er Janvier, 1851, au 31 Décembre, 1861.

Travaux exécutés, comprenant entretien de tout genre.

Miles.	Chains.	
450	44	de Routes macadamisées en totalité.
83	21¾	de Routes formées, asséchées et en partie macadamisées.
67	56½	de Routes formées et asséchées.
485	66	de Routes tracées.

35,377 Rods de palissades.

407 Ponts.

60 Gués.

10 Bacs.

54 Barrières de péage.

Le coût total s'élevant à £4,540,047

Valeur approximative des travaux en progrès de construction, &c. Exercice 1861 198,944

Allocations faites aux conseils communaux pour la construction de routes locales et de traverse 533,629

Total des dépenses au 31 Décembre, 1861 ... ... £5,272,620

49. Les allocations faites à tous les conseils communaux de la Colonie sont supplémentées par les propriétaires sous la forme de contributions, ou tant pour cent. de la valeur immobilière. Quelques détails ayant rapport à ces conseils communaux ont été donnés plus haut. (Voyez § 13.)

Roulage.

50. Avant la découverte des mines d'or en 1851, le roulage, ou transport par terre, de marchandises était fait presqu'entièrement au moyen d'attelages de bœufs, et à des taux variant pour chaque endroit suivant les saisons. Les prix payés par le Gouvernement de 1852 à 1861 pour le transport de fourrages et provisions, se trouvent classés dans le tableau suivant, qui indique un changement presque incroyable dans les prix de transport.

TABLE XIII.—VICTORIA.—*Prix du Roulage pendant les années* 1852, 1856, *et* 1861.

Prix du Transport de Marchandises de Melbourne à			1852.	1856.	1861.	
			£	£	£	s.
Sandhurst,	106	miles ...	120	10	4	0
Avoca,	120	,, ...	150	12	5	0
Castlemaine,	71	,, ...	120	9	3	0
Ballaarat,	78	,, ...	120	7	2	10
Carisbrook,	100	,, ...	150	10	4	0
Maryborough,	104	,, ...	150	10	4	0
Beechworth,	166	,, ...	160	20	7	0

Télégraphes électriques.

51. La première ligne de télégraphe électrique commencée dans la Colonie de Victoria fut celle de Melbourne à Williamstown en 1853. Elle fut terminée et ouverte le 1er Mars, 1854, et fut la première ligne formée dans l'hémisphère du Sud; la seconde ayant été faite au Chili, où une ligne télégraphique a été ouverte subséquemment entre Copiapo et Coquimbo. Il y a maintenant 1,504 miles de fil télégraphique en activité dans Victoria; l'appareil dont on fait usage est le télégraphe magnétique électrique de Morse. La dépense totale pour l'établissement des télégraphes, y-compris les stations, appareils, etc., jusqu'à la fin de 1860, se montait à £163,475 14s. 8d.

Postes.

52. Pendant les dernières dix années il n'y eut pas moins de

36,092,981 lettres et 28,417,191 journaux qui passèrent par les différentes postes de la Colonie. En 1851 il y avait 44 bureaux de poste, où passèrent 504,425 lettres et 456,741 journaux; en 1860 le nombre des bureaux de poste s'élevait à 311, et celui de lettres transmises se montait à 8,116,302, et celui des journaux à 5,683,023. Le tableau suivant montrera le nombre reçu, par terre et par mer, de lettres et de journaux.

TABLE XIV.—VICTORIA.—*Postes. Nombre de Lettres et de Journaux qui ont passé par l'administration des Postes.*

	Lettres.	Journaux.	Total.
Par terre	6,001,014	3,915,137	9,916,151
Par mer	2,115,288	1,767,886	3,883,174
Total	8,116,302	5,683,023	13,799,325

53. Le revenu des Postes pour 1860 était £120,472 12s. 5d., les dépenses £133,064 11s. 3d.

54. Le nombre et le tonnage des vaisseaux entrés et sortis des Ports de Victoria, venant des Ports d'Angleterre, Possessions Britanniques et Pays Etrangers, ou y allant, pendant l'année 1860, est donné dans le tableau suivant.

TABLE XV.—VICTORIA.—*Vaisseaux entrés et sortis en 1860.*

1860.	Angleterre.		Possessions Britanniques.		Pays Etrangers.		Total.	
	Nombre.	Tonnes.	Nombre.	Tonnes.	Nombre.	Tonnes.	Nombre.	Tonnes.
Arrivées ...	218	211,987	1,452	289,314	144	80,341	1,814	581,642
Départs ...	68	69,215	1,514	340,743	259	189,449	1,841	599,137
Excédant d'arrivées }	150	142,772	—	—	—	—	—	—
Excédant de départs ... }	—	—	62	51,159	115	109,108	27	17,495

55. En 1850 le nombre de vaisseaux entrés dans les ports de la Colonie était de 555, d'une somme totale de 108,030 tonneaux de charge, et pendant la même année 508 bâtiments, d'une somme totale de 87,087 tonneaux de charge, sortirent des ports de la Colonie. En comparant ces chiffres avec ceux qui sont donnés dans la Table XV. pour l'année 1860, on verra que pendant l'espace de dix ans le tonnage à l'intérieur a été six fois plus considérable et qu'il s'est multiplié sept fois en ce qui a rapport aux navires en partance.

Importation et Exportation.

56. La valeur des Importations et Exportations pour l'Angleterre, les Possessions Britanniques et les Pays Etrangers, pendant l'année 1860, sera trouvée dans la table suivante :—

TABLE XVI.—VICTORIA.—*Importation et Exportation en* 1860.

1860.	Angleterre.	Possessions Britanniques.	Pays Etrangers.	Total.
	£	£	£	£
Importation	9,564,093	3,484,542	2,045,095	15,093,730
Exportation	9,346,619	3,221,101	394,984	12,962,704
Excédant d'Importation	217,474	263,441	1,650,111	2,131,026

57. Les importations de 1850 furent évaluées à £744,925, et les exportations à £1,041,796, les premières étant au taux de £10 9s. 3d. par tête, et les dernières au taux de £14 12s. 8d. par chaque personne formant partie de la population existant alors. Les importations, telles qu'elles paraissent dans la table précédente, divisées par la moyenne de la population en 1860, donnent £27 19s. 9d. par personne; et les exportations, également divisées, donnent £24 0s. 8d. par personne habitant la Colonie en 1860.

58. La nature du Commerce extérieur de la Colonie est indiquée par le tableau suivant, qui spécifie les objets importés et exportés pendant l'année 1860, et en donne la valeur.

TABLE XVII.—VICTORIA.—*Objets principaux Importés et Exportés en* 1860.

Importation.		Exportation.	
Articles.	Valeur.	Articles.	Valeur.
	£		£
Habillements et Con-fections ...	586,570	Os	2,690
		Or	8,624,860
Bière et Cidre ...	614,258	Cuirs	130,269
Farine	504,302	Cornes et Sabots ...	4,164
Céréales	844,775	Chevaux et Bétail ...	94,575
Bonneterie et objets de Nouveautés	1,597,311	Moutons	63,043
		Peaux	13,967
Quincaillerie	382,444	Salaisons	18,449
Cuirs, Bottes, etc. ...	726,555	Suifs	18,269
Spiritueux	479,426	Laines	2,025,066
Bois	345,176	Autres articles ...	1,967,352
Vins	231,636		
Toutes autres mar-chandises ...	8,781,287		
Total	15,093,730	Total	12,962,704

Chemins de Fer.

59. Le commencement des chemins de fer dans la Colonie de
Victoria ne date que de l'année 1853. Il fut craint d'abord
qu'avec une population aussi limitée et aussi peu fixe par rapport
à ses occupations et ses demeures, il ne soit dangereux de compter,
au point de vue commercial, sur le succès de ces entreprises ; et
plusieurs hommes-d'état influents conseillèrent que ces travaux de-
vinssent une entreprise nationale dont les effets indirectes, en
donnant un débouché et une facilité d'établissement dans l'intérieur du pays, compenseraient abondamment la perte qui pourrait
en résulter comme spéculation commerciale.

60. Sous ce point de vue, beaucoup d'attention fut donnée à ce
sujet par l'Assemblée Législative, et après une investigation prolongée et élaborée le Gouvernement entreprit la construction des
lignes principales, reliant les mines d'or les plus importantes avec
le bord de la mer, et laissa à l'enterprise particulière les courtes
distances des environs de Melbourne ; d'accord avec cette politique,
il a acheté de la compagnie du chemin de fer de Geelong, leur
ligne (45 miles), qui forme maintenant une portion intégrale du
système de chemins de fer du Gouvernement. Après une étude
approfondie des avantages relatifs du système économique des

lignes de chemins de fer en Amérique, et du système plus dispendieux mais aussi plus durable de l'Angleterre, on adopta ce dernier
avec tous ses perfectionnements. Il est entré aussi dans la politique de l'Assemblée Législative d'aider les enterprises particulières par des concessions des terres, appartenant au domaine
public, qui pourraient être nécessaires à ces chemins de fer.

61. La première ligne qui fut commencée fut une ligne particulière reliant Melbourne à la Baie d'Hobson, et servant à transporter
les marchandises des vaisseaux dans le port, d'une distance de
deux miles et demi, à proximité des magasins des négociants à Melbourne. Cette ligne est fournie de machines, servant aux charge-
ment et déchargement de navires, et qui ne sont inférieures qu'à
bien peu seulement en Angleterre. Une jetée de 2,180 pieds de
long reçoit à ses cotés les navires du plus grand tonnage, et au
moyen de grues mues par la vapeur, les cargaisons sont transportées, avec la plus grande vitesse, de la cale des navires au train
du chemin de fer, qui les dépose dans d'immenses magasins à Melbourne, où ils sont livrés aux consignataires.

62. Les autres lignes particulières, aux environs de Melbourne,
lient la cité avec les environs populeux de St. Kilda, Brighton,
Richmond, Prahran, Hawthorn, etc. ; et on peut former une appréciation de l'utilité de ces lignes par le fait que plus de 4,200,000
personnes ont voyagé sur les quatre courtes lignes construites
à l'enterprise particulière.

63. Des lignes du Gouvernement, aucune portion de celle de
Ballaarat n'a encore été ouverte. Sur la ligne de Sandhurst,
24 miles (à Sunbury) ont été livrés à la circulation à la date à
laquelle le tableau suivant a été fait (30 Juin, 1861); depuis cette
époque une distance additionnelle de 24¾ miles (à Woodend) a
été ouverte pour les voyageurs seulement, les arrangements pour
les marchandises n'étant pas encore complets. Il est nécessaire de
remarquer que jusqu'à present il n'y a eu qu'une portion peu
importante de transport de marchandises par cette voie, en raison
du peu d'étendue du chemin de fer, mais on s'attend à ce que le
revenu en augmente dans une proportion beaucoup plus grande
à mesure que la ligne prendra plus de développement.

64. Presque toutes les compagnies qui sont maintenant en
activité déclarent que leur entreprise de transport n'est encore
qu'imparfaitement développée, et que par conséquent ils peuvent
s'attendre à une augmentation considérable dans leurs profits.

Comme exemple, depuis les derniers comptes-rendus la ligne de Brighton a commencé une extension jusqu'à la mer, et la ligne d'Essendon a commencé une nouvelle opération, celle du transport des bestiaux.

65. En ce qui a rapport à la manière dont les tableaux suivants ont été préparés, il est utile de remarquer que comme quelques unes des lignes n'ont pas été ouvertes depuis une année, et que pour d'autres les chiffres comprennent une période de deux années, il était nécessaire, pour donner un moyen de comparaison, de reduire les chiffres de ces comptes-rendus à un type uniforme de douze mois en se servant des chiffres des comptes-rendus aussi souvent que possible.

TABLE XVIII.—*Chemins de Fer de Victoria. Compte de Capital. Recettes.*

Noms des Lignes de Chemin de Fer.	Date de leur Ouverture.	Capital.				Total.
		Payé sur les Actions.	Emprunts et Obligations.	Primes, Intérêt, etc.	Revenu ajouté au Capital.	
		£	£	£	£	£
Melbourne et la Baie d'Hobson	13 Sep., 1854 ⎫	400,000	100,000	415	—	500,415
Branche de St. Kilda ..	12 Mai, 1857 ⎬					
St. Kilda et Brighton ..	19 Déc., 1859	117,960	56,600	—	12,975	187,535
Melbourne et Environs.						
Ligne principale, 1ère Section	8 Février, 1859 ⎤					
Ligne principale, 2me Section	22 Déc., 1860 ⎬	258,820	115,300	—	18,912	393,032
Branche d'Hawthorn, 1ère Section	24 Sep., 1860					
Branche d'Hawthorn, 2me Section	13 Avril, 1861 ⎦					
Melbourne et Essendon ..	1 Nov., 1860 ..	54,164	19,359	—	—	73,523
	Total ..	830,944	291,259	415	31,887	1,154,505

Chemins de Fer de Victoria* .. .. *(Lignes du Gouvernement)*	Les obligations du Gouvernement pour la construction de ces Lignes de Chemins de Fer par l'Etat, sont maintenant en cours d'issue par l'entremise de Six Banques réunies.	
	Montant payable à Londres	7,000,000
	Montant payable à Melbourne ..	1,000,000
	Total de l'emprunt	8,000,000

* L'état de progression des Chemins de Fer du Gouvernement est ainsi que suit :— Livrés à la circulation, 70 miles ; travaux en voie d'exécution, 129 miles ; date probable de l'ouverture de la ligne de Geelong à Ballaarat, 1er trimestre de 1862, et de Woodend à Sandhurst dernier trimestre de 1862.

TABLE XIX.—VICTORIA.—*Chemins de Fer.* *Compte de Capital continué.*
Dépenses.

Noms des Lignes de Chemin de Fer.	Longueur des Lignes livrées à la Circulation.	Coût.				Coût par Mile.		
		Construction.	Compensation pour Terrains et autres Dépenses.	Matériel.	Total.	Construction.	Terres, etc.	Matériel.
Melbourne à la Baie d'Hobson.	m. ch.	£	£	£	£	£	£	£
Ligne principale ..	2 40	336,252*	725	55,760	382,737	134,500	290	22,304
Branche de St. Kilda.. ..	2 65	96,763	3,456	13,502	113,721	33,804	1,207	4,717
	5 29	423,015	4,181	69,262	496,458	78,884	780	12,906
St. Kilda et Brighton.								
Livré à la circulation	4 70	156,267	28,727	en location	184,994	32,055	5,893	—
L'extension sera de 1 m. 64 ch., et la dépense d'environ £35,000.								
Melbourne et Environs.								
De Melbourne à la Rue de la Chapelle	3 60	215,595	154,113	23,324	393,032	38,159	27,277	4,126
De la Rue du Swan à Hawthorn ..	1 72							
Melbourne et Essendon.								
De la Jonction avec la ligne du Gouvernement ..	4 75	63,461	8,267	en location	71,728	12,853	1,674	—
Total ..	20 66	858,338	195,288	92,586	1,146,212	41,217	9,378	—
Chemins de Fer du Gouvernement	70 0	Dépenses au 30 Juin, 1861, comprenant tous les paiements faits à cette date pour la construction, matériel, terre, matériaux, jetée et digue à Williamstown et achat de la ligne de Geelong, etc.	5,503,470					
		Engagements à la même époque pour la portion des contrats inachevés	2,324,763					
		Total présumé du coût des Chemins de Fer du Gouvernement ..	7,828,233					

* Ce montant comprend le coût, soit £80,000, d'une jetée de 2,180 pieds dans la Baie ; ainsi que celui des stations, ateliers, hangars, ponts sur la rivière Yarra, remblais, etc. De plus, en 1853, lorsque cette ligne était en cours de construction, la compagnie a payé £2 10s. par jour de gages aux charpentiers et maçons, et jusqu'à 17s. 6d. pour des aides inhabiles, tandis qu'en 1857, lors de la construction de la branche de St. Kilda, les gages étaient tombés à 15s. et 10s. respectivement.

TABLE XX.—VICTORIA.—*Chemins de Fer. Circulation et Revenu pour 1 année.*

Noms des Lignes de Chemins de Fer.	Voyageurs.		Marchandises.		Autres Sources de Revenu.	Recette Totale.	Nombre de Miles traversés pendant 12 Mois.
	Nombre.	Montant	Quantité	Montant			
		£	Tonnes.	£	£	£	
Melbourne et Baie d'Hobson	1,922,095	48,078	161,614	29,264	3,098	80,440	138,736
St. Kilda et Brighton ..	485,190	10,587	..	.	2,441	13,028	112,752
Melbourne et Environs ..	1,682,194	31,585	..	..	1,159	32,744	106,952
Melbourne et Essendon ..	114,796	4,210	..	..	176	4,386	24,820
Total des Lignes parti-culières	4,204,275	94,460	161,614	29,264	6,874	130,598	383,260
Chemins de Fer du Gouvernement de Melbourne à Williamstown, Geelong et Sunbury	810,148	83,565	137,836	45,078	11,460	140,103	347,538
Total	5,014,423	178,025	299,450	74,342	18,334	270,701	730,798

TABLE XXI.—VICTORIA.—*Chemins de Fer. Tarif du Prix des Places sur les différentes Lignes.*

Noms des Lignes de Chemins de Fer.	Prix des places par Mile.			
	1ère Classe.	2nde Classe.	1ère Classe aller et retour.	2nde Classe aller et retour.
	d.	d.	d.	d.
Melbourne et Baie d'Hobson	3·60	2·40	4·80	3·60
Melbourne et St. Kilda	3·20	2·40	4 80	4·00
St. Kilda et Brighton	2·46	1·846	3 69	3·08
Melbourne et Environs..	3·20	2·67	4 80	4·00
Melbourne et Essendon..	3·79	2·53	5·05	3 79
Melbourne et Geelong	1·87	1 07	2·80	1·60
Melbourne et Williamstown	1·30	0·97	1·95	1·62
Melbourne et Woodend..	3·69	2 77	5·54	4·12

66. En conséquence du manque de caractère complet et d'uniformité dans quelques uns des comptes-rendus qui ont été faits, il est impossible de présenter, sous forme de table, un compte de recettes et de dépenses. On assure cependant, et de source certaine, que la réduction dans le prix des travaux de ce genre, la perfection et l'économie auxquelles on est arrivé dans l'administration, établiront une différence importante dans les frais courants, comparés avec ceux des années précédentes.

67. Il parait d'après les comptes-rendus, à une exception près, qu'aucune des compagnies de chemin de fer n'a encore payé de dividende à ses actionnaires. Cette exception est en faveur de la compagnie du chemin de fer à la Baie d'Hobson, qui a, chaque année, déclaré des dividendes. Le dividende de 1860 était de 10 pour cent. sur le capital payé.

*Transport de Provisions, Marchandises, etc., sur les routes à
barrières de péage.*

68. En sus du transport de marchandises par chemin de fer, un
commerce très considérable a été établi par des agents et entre-
preneurs de roulage, entre les centres intérieurs de la population
et Melbourne. En conséquence de la subdivision de cette industrie
entre plus de cinq cents personnes on ne peut s'assurer des chiffres
précis. Le calcul suivant est basé sur des renseignements fournis
par les principaux agents. Le nombre total de chevaux employés
aux transports est évalué à 4,700, et le nombre de voitures de
roulage à 1,100. La valeur actuelle des chevaux étant d'environ
£160,000, et celle des waggons de £54,000.

69. Des lignes de messageries ont été établies sur toutes les
routes principales, et leur commerce est très considérable.

REVENUS ET DÉPENSES PUBLICS.

70. L'année 1851 fut l'époque de deux évènements importants
dans l'histoire de la Colonie de Victoria : le premier fut sa séparation de New South Wales (Nouvelles Galles du Sud) et son
établissement comme Colonie indépendante ; et le second fut la
découverte de ses richesses en mines d'or. Le revenu de cette année
(1851) était moins d'un demi million sterling (£486,331 3s. 3d.);
mais, si peu importante que cette somme puisse paraître, elle fut,
néanmoins, plus que suffisante pour les besoins du Gouvernement de
la Colonie, puisque les dépenses ne se montaient qu'à £397,993 14s.,
laissant un surplus pour l'année de près de quatre-vingt-dix mille
livres sterling (£88,337 9s. 3d.)

71. Après dix années d'expérience au profit des différents
Gouvernements qui se sont succédés, et le développement complet
des ressources provenant des mines d'or de Victoria, le revenu est
devenu sept fois plus grand, mais les dépenses ont été huit
fois plus considérables. Le premier se montant en 1860 à
£3,066,220 15s. 6d., et le second à £3,228,468 2s. 1d., laissant
un déficit pour l'année de £162,247 6s. 7d.

72. Les tableaux suivants montrent les principaux items du
revenu et des dépenses, pour chaque département du service public,
pendant l'année 1860 :—

Table XXII.—Victoria.—*Revenu*, 1860.

Sources de Revenu.	Recettes.		
	£	s.	d.
Douanes	1,494,543	14	7
Droits sur Spiritueux de la Colonie	3,510	5	10
Or	72,158	0	1
Ports et Hàvres	20,656	2	5
Terres	667,628	4	8
Licences	359,701	8	9
Postes	106,142	15	8
Honoraires	64,223	14	11
Amendes et Confiscations	10,378	8	0
Divers	267,278	0	7
Total	£3,066,220	15	6

Table XXIII.—Victoria.—*Dépenses*, 1860.

Départements.	Dépenses.		
	£	s.	d.
Sécretaire en Chef	717,926	8	5
Avocat-Général	160,459	18	9
Trésorier	416,133	18	7
Commissaire des Terres et Arpentages	619,765	6	11
Commissaire des Travaux Publics	568,137	8	2
Commissaire des Douanes	110,822	4	10
Directeur des Postes	161,374	10	8
Applications spéciales	473,848	5	9
Total	£3,228,468	2	1

73. Le nombre moyen des habitants en 1851 était 86,825, ce qui montre le revenu de l'année comme se montant à £5 12s. par personne et les dépenses à £4 11s. 8d. En 1860 le nombre s'élevait à 539,335, établissant une augmentation de six fois plus d'habitants qu'en 1851 : le revenu était dans la proportion de £5 13s. 8d. par personne, et les dépenses £5 19s. 9d. par chaque homme, femme et enfant dans la Colonie.

74. En ce qui a rapport à la nature des dépenses publiques de cette Colonie, il faut admettre qu'il est difficile de les comparer avec celles d'autres pays, jusqu'à ce qu'une distinction soit faite entre ce qu'on peut appeler dépenses ordinaires et dépenses extraordinaires. Par exemple : dans le Rapport des Commissaires nommés pour faire une enquête sur le Service Civil de Victoria, les dépenses furent divisées en deux parties, la première comprenant les services que dans tous pays on considère comme devant être entrepris par le Gouvernement, tels que l'administration de la justice, la prévention et le châtiment des crimes, la perception et l'administration du revenu public, la direction des postes à l'intérieur; et la seconde partie comprenant une foule de détails dont sont exempts, par la force naturelle des choses, presque tout pays de date plus ancienne. Ce qui sera mieux compris par l'extrait suivant du Rapport des Commissaires d'enquête du Service Public:

" C'est un incident naturel à l'état imparfait de développement politique d'un nouveau pays, que le Gouvernement soit obligé d'entreprendre une foule de charges dont il est débarrassé à mesure que le pays grandit. En effet, aux devoirs ordinaires d'un Gouvernement, le Gouvernement de cette Colonie a en outre à diriger les affaires d'un grand propriétaire de terres; c'est-à-dire, à arpenter, à louer, à vendre sa propriété, ses terrains de ville et ses terres de campagne, ses pâturages et ses mines; il a en outre à construire et entretenir les routes, les ponts et autres travaux d'utilité publique; à établir des chemins de fer et des lignes télégraphiques; à venir en aide aux municipalités, aux conseils communaux, aux conseils des mines et aux institutions de charité; à établir et surveiller les phares, les hospices d'aliénés, les fourrières, les cimetières, et a s'occuper encore de beaucoup d'autres choses qui dans d'autres pays plus anciens, et possédant de semblables institutions, sont laissées à l'entreprise particulière ou à la surveillance locale. De telles entreprises peuvent être indispensables dans notre position actuelle, mais elles forment la partie la plus importante de nos dépenses générales, et leur coût, comme celui de toute entreprise extraordinaire, entre les mains d'un gouvernement, est naturellement plus élevé qu'il ne sera lorsque le pays aura fait des progrès suffisants pour que ces fonctions soient remplies par des organes plus appropriés."

75. Dans le même rapport une analyse fut faite, avec un très grand soin, des différents détails de dépenses pendant l'année 1859, et le résultat auquel on arriva fut que les dépenses de cette année, se montant à £3,583,598, consistaient en dépenses ordinaires, se montant à £1,188,801, et en dépenses extraordinaires, se montant à £2,294,797; ces dernières étant en chiffres ronds trois fois plus considérables que les premières, ou plus exactement dans la proportion de 100 à 33·17. En divisant les dépenses de 1860 dans les mêmes proportions, les frais extraordinaires de l'année s'eleveraient à £2,157,585 5s. 4d. et les dépenses ordinaires à £1,070,822 16s. 9d. Ce dernier montant n'eut necessité qu'un revenu de £1 19s. 9d.

seulement, par personne; tandis qu'il fut nécessaire de recuillir £5 19s. 9d. pour couvrir les dépenses ordinaires et extraordinaires de cette année.

Tarif des Douanes.

76. Le tableau suivant donne un abstrait du Tarif des Douanes de la Colonie de Victoria, les quantités d'articles imposables qui ont passé les Douanes, les droits payés sur chaque article, et le revenu des Douanes, de toutes sources, pendant l'année 1860.

TABLE XXIV.—VICTORIA.—*Tarif et Revenu des Douanes*, 1860.

Articles.	Tarif de Victoria.	Quantité sur lesquelles les droits ont été acquittés.			Montant reçu.		
	par gallon.	galls.	10mes.	32mes.	£	s.	d.
Eau-de-vie ... importée	10s.	528,527	8	4	264,266	9	8
Genièvre ... ,,	10s.	360,778	0	14	180,392	11	4
Rum ... ,,	10s.	230,491	4	9	115,245	18	0
Whisky ... ,,	10s.	155,162	3	21	77,582	19	7
Liqueurs ... ,,	10s.	4,125	9	8	2,063	3	6
Spiritueux parfumés ,,	10s.	2,382	6	20	1,191	13	2
Autres Spiritueux ,,	10s.	34,333	6	13	17,167	2	1
Spiritueux distillés dans la Colonie ...	9s. 3d.	7,589	8	0	3,510	5	10
Total des Spiritueux	...	1,323,393	4	25	661,420	3	2
Vin ... importé	2s.	444,552	6	21	44,455	8	4
Bière ... ,,	6d.	3,113.777	5	0	77,844	8	9
Cidre ... ,,	6d.	8,766	0	0	219	3	0
Total de Vins, Bière et Cidre et Spiritueux...	...	4,890,498	6	14	783,939	3	3
	par lb.	lbs.					
Opium ... importé	10s.	29,775	3-16		14,887	11	11
Tabac ... ,,	2s.	1,524.693	6-16		152,469	6	9
Cigars ... ,,	3s.	159,721	12-16		23,958	5	10
Tabac à priser ,,	2s.	2,889			288	18	0
	par cwt.	cwt.	qrs.	lbs.			
Sucre ... ,,	6s.	383,839	3	3	115,152	14	2
Mélasse ... ,,	3s.	6,503	1	27	975	10	10
	par lb.	lbs.					
Thé ... ,,	6d.	5,013,340	8-16		125,333	10	3
Café ... ,,	2d.	2,278,476			18,987	6	0
	par oz.	oz.	dwt.	gr.			
Or (droit d'exportation)	2s. 6d.	2,156,316	10	19	269.540	2	5
Total de Droits ...	...	...			£1,505,532	9	5
Droits de Passage, Tonnage et Pilotage, Emmagasinage et Poudres	...	...			59,970	16	2
Total Général ...	...	...			£1,565,503	5	7

Dette Publique.

77. Au commencement de l'année courante (1861) la dette publique était ainsi que suit :—

TABLE XXV.—VICTORIA.—*Montant payable annuellement de 1861 à 1884 en liquidation du Principal et Intérêt de divers Emprunts contractés ou garantis par le Gouvernement au 31 Décembre, 1860.*

Payable en	Emprunt pour l'Etablissement de la distribution des Eaux.		Emprunt pour Melbourne, Mont Alexandre et Rivière Murray (Chemin de Fer).		Emprunt pour les Chemins de Fer Nationaux.		Emprunt de la Corporation de Melbourne garanti.	Emprunt de la Corporation de Geelong garanti.	Total.	Payable en
	Principal.	Intérêt.	Principal.	Intérêt.	Principal.	Intérêt.				
	£	£	£	£	£	£	£	£	£	
1861	50,000	36,480	..	3,405	..	264,000	25,000	10,000	388,885	1861
1862	50,000	33,480	..	3,405	..	264,000	25,000	10,000	385,885	1862
1863	50,000	30,480	..	3,405	..	264,000	25,000	10,000	382,885	1863
1864	50,000	27,480	..	3,405	..	264,000	25,000	10,000	379,885	1864
1865	50,000	24,480	..	3,405	..	264,000	25,000	10,000	376,885	1865
1866	50,000	21,480	..	3,405	..	264,000	25,000	10,000	373,885	1866
1867	70,000	17,880	..	3,405	..	264,000	25,000	10,000	390,285	1867
1868	63,000	13,890	..	3,405	..	264,000	25,000	10,000	379,295	1868
1869	50,000	10,500	..	3,405	..	264,000	25,000	10,000	362,905	1869
1870	50,000	7,500	..	3,405	..	264,000	25,000	10,000	359,905	1870
1871	50,000	4,500	..	3,405	..	264,000	25,000	10,000	356,905	1871
1872	50,000	1,500	..	3,405	..	264,000	25,000	10,000	353,905	1872
1873	..	..	68,100	3,405	..	264,000	25,000	10,000	370,505	1873
1874	..	..	..	..	..	264,000	25,000	10,000	299,000	1874
1875	..	..	..	..	..	264,000	25,000	10,000	299,000	1875
1876	..	..	..	..	..	264,000	..	..	264,000	1876
1877	..	..	..	..	..	264,000	..	..	264,000	1877
1878	..	..	..	..	..	264,000	..	..	264,000	1878
1879	..	..	..	..	..	264,000	..	..	264,000	1879
1880	..	..	..	..	..	264,000	..	..	264,000	1880
1881	..	..	..	..	..	264,000	..	..	264,000	1881
1882	..	..	..	..	..	264,000	..	..	264,000	1882
1883	..	..	..	..	3,587,500	264,000	..	..	3,851,500	1883
1884	..	..	..	..	812,500	264,000	..	..	1,076,500	1884
	633,000	229,650	68,100	44,265	4,400,000	6,336,000	375,000	150,000	12,136,015	

78. La somme totale qu'on se propose de recuillir comme Emprunt de Chemin de Fer est £8,000,000, dont £4,400,000,

d'après le tableau précédent, avaient été souscrits au commencement de 1861. La somme totale nécessaire à parfaire l'emprunt était donc, au commencement de 1861, de £3,600,000, dont £2,600,000 devaient être souscrits sur la Place de Londres et le million restant dans la Colonie. Si la somme intégrale est souscrite pendant l'année 1861, l'intérêt à 6 pour cent. s'élèvera à £480,000 par an.

Distribution d'Eau à Melbourne et ses Environs.

79. Une abondante et continuelle distribution d'eau, provenant du réservoir de Yan Yean, est fournie à Melbourne et ses environs au moyen de haute pression. Le Yan Yean est en réalité un lac artificiel, formé par la construction d'un remblai de 1,053 yards de long et de 20 pieds de haut, qui réunit deux étendues de terrain entre lesquelles il n'y avait qu'un seul passage pour l'écoulement d'une section d'environ 4,600 acres. Ce lac ou réservoir ainsi formé couvre une étendue de terrain d'environ 1,300 acres, ou un peu plus de deux miles carrés. Sa plus grande profondeur est de 25 pieds et la profondeur moyenne de 18 pieds. Le contenu cube est d'environ 38,000,000 de yards cubes, ou 6,422,000,000 de gallons. Il est à 595 pieds au-dessus du niveau de Melbourne, et distant d'environ 19 miles de la cité. La communication entre le réservoir et la ligne de tuyaux est faite par un conduit de fer de 33 pouces de diamètre, lequel conduit passe par le remblai à trois pieds au-dessus du niveau du fond. Le haut de ce conduit est fixé sur un réservoir en forme de tour carrée, arrangé de façon à donner accès aux soupapes, et à admettre l'eau dans les tuyaux principaux à une hauteur de trois, dix, et dix-sept pieds du fond. Une seconde ligne de conduits de 33 pouces a été formée à travers le remblai, permettant de doubler l'approvisionnement dès que le besoin s'en fera sentir.

80. Les Commissaires nommés pour diriger cette administration ont le pouvoir de lever des impôts sur les habitants pour la distribution de l'eau, et on estime que le revenu que l'on retirera de cette source sera suffisant, d'abord, pour payer l'intérêt, et ensuite pour rentrer dans le capital. La réussite des chemins de fer dépend entièrement de l'accroissement de la population de la Colonie et aussi du développement de son industrie par les facilités qui seront données par la connexion qui reliera les mines d'or à la capitale et à la mer. Les emprunts des Corporations de Melbourne et de Geelong pourraient être facilement soldés par la vente de propriétés qui ne sont pas aliénées tant a Melbourne qu'à Geelong.

81. En sus de cette étendue de 4,600 acres par laquelle le réservoir est directement fourni, un cours d'eau et tunnel ont été construits, reliant le réservoir à la rivière Plenty (Abondance), et on se sert de cet approvisionnement additionel lorsque le besoin s'en fait sentir. Les terres dont l'eau coule à la rivière Plenty renferment une étendue d'environ 60 miles carrés, qui, en prenant la proportion des eaux pluviales qui découlent des montagnes, et en faisant la proportion considérable pour la perte, l'évaporation et toutes autres causes, serait suffisante pour remplir le réservoir une fois et demie par année.

82. Ce travail gigantesque a coûté près de £820,000,* que le Gouvernement a recueillies au moyen d'obligations rapportant 6 pour cent. d'intérêt. Cette dépense fut confiée, par un acte de l'Assemblée Législative, à une Commission qui a été récemment dissoute, et dont les fonctions sont rentrées dans l'administration des Domaines et Travaux Publics. Le revenu actuel en est considérable (environ £60,000), mais il s'augmentera encore à mesure que la distribution de l'eau s'étendra aux environs. On estime que ces extensions rapporteront 70 pour cent. par an sur les dépenses totales qu'elles occasionneront.

83. La population de Melbourne et des districts environnants est d'environ 123,000, et on estime que la Yan Yean pourrait satisfaire aux besoins de 200,000 personnes, au taux de cent gallons chacune par jour : l'approvisionnement peut donc être considéré, en ce qui a rapport aux usages pratiques, comme illimité. La distribution de l'eau à Londres est au taux de 20 gallons par personne par jour ; Wolverhampton, 11 gallons ; Nottingham, 40 gallons ; Liverpool, 11 gallons. Le service de l'eau à Melbourne n'est jamais arrêté, et étant fait au moyen de haute pression il est d'une immense utilité en cas d'incendie. On s'en sert aussi comme force motrice, et elle a déjà supplanté la vapeur comme moteur d'un grand nombre de machines.

Département des Travaux Publics.

84. Les dépenses suivantes ont été faites par le Département des Travaux Publics, pendant les dix dernières années terminant au 31 Décembre, 1860, pour les différents travaux et bâtiments dont il est fait mention dans le tableau suivant :—

---

* Cette somme comprend des dépenses se montant à £273,000, que les Commissaires considèrent comme ne faisant pas partie du projet, ainsi que suit :— La distribution temporaire de l'eau à Melbourne, £55,000 ; le coût du tramway (route de planches pour le transport du matériel le long de la ligne), £150,000 plus ; dépenses faites pour égouts, £32,000 ; et une quantité considérable de matériel superflu, terrains, robinets d'incendie, tuyaux, etc.

Table XXVI.—Victoria.—*Travaux Publics.*

		£	s.	d.
1	Quais, Jetées et travaux de hàvre	510,041	5	0
2	Opérations de draguages, Barres sur la rivière Yarra et à Geelong	125,457	11	9
3	Cale de Construction à Williamstown	60,335	0	0
4	Phares et Vaisseaux-Phares	91,193	4	11
5	Casernes et Fortifications	154,475	12	3
6	Lignes télégraphiques et Stations	152,247	15	9
7	Réservoirs	88,584	1	1
8	Geôles	328,265	7	2
9	Bagnes	189,248	14	6
10	Asile d'aliénés	104,067	12	6
11	Casernes de Police	205,291	11	11
12	Palais de Justice	165,317	13	5
13	Bâtiments des Postes	128,617	17	19
14	Bâtiments des Douanes	75,573	2	0
15	Clôtures à différents bâtiments et terrains ...	26,724	7	2
16	Clôtures et améliorations des Parcs, Jardin Botanique et lieux de récréation	57,503	18	11
17	Palais Législatif	175,450	9	5
18	Ministères	143,917	1	4
19	Autres travaux publics, bureaux et bâtiments pour toute la Colonie	609,440	19	9
	Dépenses totales pour les 10 années terminant le 31 Décembre, 1860 ...	£3,391,753	6	8

Note.--Les dépenses et contrats en voie d'exécution pour l'année 1861 se montent à £149,609 6s. au 13 Septembre, 1861.

SALAIRES ET CONSOMMATION.
Salaires.

85. Les nouveaux pays sont sujets à de grandes fluctuations dans le taux des salaires à différentes sortes de travaux, et Victoria n'a pas été une exception à cette règle. Mais un fait remarquable, et qui de prime abord semble contraire aux lois de l'offre et la demande, est que pendant les années où l'immigration a été au plus haut dégré le taux des salaries s'est élevé invariablement au-dessus de celui des autres années, et lors de la cessation de l'immigration une dépression proportionnelle s'ensuivit. Ainsi pendant les années 1852, 1853 et 1854, durant lesquelles des nombres considérables d'immigrants arrivèrent, soit respectivement 94,664, 92,312 et 83,410, le prix des travaux était plus élevé que dans aucune autre période de l'histoire de la Colonie. Dans les quatre années qui suivirent, comme moins de personnes arrivèrent, les salaires diminuèrent quelque peu, mais néanmoins restèrent à un taux élevé jusqu'aux deux dernières années, quand l'immigration tomba à 30,000 par année, le taux des salaires, quoique beaucoup plus élevé que celui obtenu dans d'autres pays plus

anciennement formés, et peut-être aussi plus élevé que dans toute autre Colonie Anglaise, a été néanmoins plus bas qu'à aucune autre période depuis la découverte des mines. Le tableau suivant montre les taux payés en 1854, la dernière des trois années dont il a été fait mention, quand, si jamais, l'immigration précédente eut dû se faire sentir; en 1857, époque à laquelle l'immigration avait déjà sensiblement diminué; et en 1861, indiquant les derniers taux de la période actuelle.

TABLE XXVII.—VICTORIA.—*Taux des Salaires,* 1854, 1857 *et* 1861.

Description du Travail.	1854.			1857.			1861.		
	£	s.	d.	£	s.	d.	£	s.	d.
Travail d'Agriculture.									
Domestiques de ferme par semaine et nourriture	1	15	0	1	5	0	0	15	0
Laboureurs „ „ ...	2	0	0	1	10	0	1	0	0
Moissonneurs par acre „ ...	1	5	0	1	0	0	0	15	0
Faucheurs „ „ ...	0	15	0	0	8	0	0	6	0
Batteurs en grange par boisseau et nourriture	0	1	0	0	0	9	0	0	6
Travail Pastoral.									
Bergers par année et nourriture	48	0	0	35	0	0	33	0	0
Gardiens de bétail „ ...	65	0	0	50	0	0	40	0	0
Gardiens de huttes „ ...	35	0	0	28	0	0	25	0	0
Hommes à tout faire par semaine et nourriture	1	15	0	1	0	0	0	15	0
Tondeurs par 100 moutons et nourriture	2	0	0	0	17	6	Pas encore commencé.		
Travail d'Artisan.									
Maçons par jour sans nourriture	1	12	0	0	16	0	0	14	0
Plâtriers „ „ ...	1	10	0	0	15	0	0	12	0
Briqueteurs „ „ ...	1	8	0	0	15	0	0	12	0
Charpentiers „ „ ...	1	8	0	0	14	0	0	11	0
Forgerons „ „ ...	1	10	0	0	14	0	0	10	0
Domestiques Ménages									
Ménage sans famille par an avec nourriture	115	0	0	80	0	0	70	0	0
Ménage avec famille par an avec nourriture	95	0	0	70	0	0	65	0	0
Cuisiniers par an avec nourriture	100	0	0	80	0	0	60	0	0
Hommes d'écurie „ „ ...	85	0	0	55	0	0	50	0	0
Jardiniers „ „ ...	90	0	0	60	0	0	55	0	0
Domestiques Femmes.									
Cuisinières par an avec nourriture	50	0	0	40	0	0	40	0	0
Blanchisseuses „ „ ...	45	0	0	35	0	0	35	0	0
Domestiques à tout faire „ ...	35	0	0	30	0	0	30	0	0
Femmes de chambre „ „ ...	28	0	0	25	0	0	25	0	0
Bonnes d'enfants „ „ ...	26	0	0	25	0	0	25	0	0
Travail Divers.									
Aides et Hommes à tout faire, par jour sans nourriture	0	12	6	0	9	0	0	7	0
Casseurs de pierres par yard cube, sans nourriture	0	10	0	0	6	0	0	3	6

86. La seule classe dont les gages n'ont pas éprouvé une semblable réduction est celle des domestiques femmes ; et un fait remarquable est que l'immigration des femmes a été constamment sous les auspices du Gouvernement tandis que toute autre immigration aidée du Gouvernement a été presqu'entièrement arrêtée depuis plusieurs années ; et aussi que depuis deux ans l'immigration des femmes a excédé celle des hommes dans la proportion de 140 femmes par chaque 100 hommes en 1859, et dans la proportion de 213 femmes par chaque 100 hommes en 1860, et que malgré cela il n'y a pas eu la moindre différence dans le prix des travaux de femmes.

Prix et Consommation.

87. En ce qui a rapport au taux généralement réduit des salaires, dont il a déjà été fait mention, on ne doit pas perdre de vue que si l'artisan recevait en argent un salaire beaucoup plus élevé qu'à présent, la valeur de presque tout objet de nécessité première, pour lui-même et sa famille, a diminué dans une proportion plus grande encore que son salaire. On a essayé, dans le tableau suivant, de montrer quelle a été environ la dépense actuelle, par semaine, d'un artisan et sa famille relativement au taux des gages qu'il recevait.

TABLE XXVIII —VICTORIA.—*Prix des objets de Nécessité Première. Dépenses approximatives, par semaine, d'une famille d'ouvrier, composée d'un homme, sa femme et trois enfants, en 1854, 1857 et 1861.*

Sur la supposition d'une dépense hebdomadaire ainsi que suit.	1854.			1857.			1861.		
	£	s.	d.	£	s.	d.	£	s.	d.
Pain, 28 livres	0	12	6	0	6	$8\frac{3}{4}$	0	5	3
Bœuf ou Mouton, 21 livres	0	15	9	0	12	3	0	6	10
Pommes de terre, 21 livres	0	5	$10\frac{1}{2}$	0	2	$10\frac{1}{2}$	0	1	0
Farine, 5 livres	0	2	2	0	1	$2\frac{1}{4}$	0	1	0
Thé, 1 livre	0	2	0	0	2	6	0	2	9
Sucre, 6 livres	0	3	0	0	2	6	0	2	3
Savon, 3 livres	0	1	0	0	1	0	0	0	9
Chandelles, 2 livres	0	1	6	0	1	4	0	1	2
Lait, 7 pintes	0	7	0	0	3	6	0	2	4
Beurre, 2 livres	0	9	0	0	5	6	0	3	0
Bois à brûler, ¼ de tonne	0	13	6	0	6	0	0	4	0
Eau	0	10	0	0	5	0	0	2	0
Loyer d'un "Cottage"	2	0	0	0	10	0	0	6	0
Habillements	0	15	0	0	10	0	0	6	0
Honoraires à l'Ecole pour les enfants	0	3	0	0	3	0	0	3	0
Dépenses Totales de la Semaine	7	0	$3\frac{1}{2}$	3	13	$4\frac{1}{2}$	2	7	4

88. Les gages hebdomadaires d'un ouvrier, en admettant qu'il travaillât la semaine entière, auraient été en 1854 à 30s. par jour £9 par semaine, en 1857 à 15s. par jour £4 10s. par semaine, et maintenant à 12s. par jour £3 12s. par semaine. Ainsi en 1854 il aurait eu £1 19s. 6d. en sus de ses dépenses, en 1857 il aurait eu 16s. 7½d. et maintenant £1 4s. 8d. Ce dernier chiffre étant plus élevé que celui de 1857 et les facilités d'approvisionnement de beaucoup supérieures à celles de 1854. Naturellement il est impossible de fixer à combien les journées perdues et de manque de travail se montaient dans ces différentes années, mais en admettant que le nombre en fut égal, la comparaison resterait juste. Le climat de Victoria est généralement si favorable aux travaux du dehors, qu'il n'y a que fort peu de temps perdu en comparaison avec celui perdu en Angleterre pour cause de mauvais temps. Depuis 1856 la journée de travail dans Victoria a été fixée à huit heures.

Liqueurs Alcoholiques.

89. Pendant l'année 1860, 1,323,393 gallons de spiritueux furent ou importés ou fabriqués dans la Colonie, et 218,263 gallons furent exportés pendant la même année, laissant 1,105,130 gallons, ou une moyenne de 2·1·20 gallons, pour la consommation par chaque personne formant partie de la population. L'excédant de l'importation sur l'exportation de vin, bière et cidre, était de 3,454,323 gallons, donnant, indépendemment de ce qui en était fabriqué dans la Colonie, 6·4 gallons par chaque individu, ou une proportion de 8½ gallons de spiritueux, vin, bière et cidre par chaque personne.

90. En comparant ces résultats à ceux des années précédentes, on remarquera une grand diminution dans la consommation de différentes boissons. En 1850, l'année qui a précédé la découverte des mines d'or, 4·18 gallons de spiritueux et 6·46 gallons de bière, vin et cidre, ou en tout 10·64 gallons, était la quantité disponible par chaque habitant de la Colonie; et pendant 1854, époque à laquelle la fièvre de l'or était au plus haut dégré, l'excédant de l'importation sur l'exportation était de 6·34 gallons de spiritueux et 12·65 gallons de vin, bière et cidre, donnant un total de 19 gallons par personne.

91. Il est juste de remarquer qu'on suppose que beaucoup de spiritueux sont distillés maintenant dans la Colonie, d'une manière illicite, ce qui n'existait pas auparavant; et que par conséquent les chiffres fournis pour 1860 ne dénotent par d'une manière tout à

fait exacte les quantités de spiritueux qui ont été livrés à la consommation. La quantité de vin fait dans la Colonie est encore peu importante, mais la brasserie de bière a toujours été une industrie considérable à ces différentes époques, et par conséquent les chiffres fournis ne représentent pas la quantité totale de bière qui a été consommée pendant ces différentes années.

ACCUMULATION DE CAPITAL.

Caisses d'Epargne.

92. Le 1ᵉʳ Juillet, 1853, il n'y avait que quatre Caisses d'Epargne dans la Colonie de Victoria : une à Melbourne, une à Geelong, une à Portland et une à Belfast. A cette date une somme de £142,651 15s. 6d. était déposée par 2,540 porteurs de livrets dans les quatre Caisses d'Epargne. En 1855, une de ces utiles institutions fut ouverte à Castlemaine ; en 1856 deux furent fondées, une à Sandhurst et l'autre à Ballaarat ; en 1859 deux autres, une à Maryborough et une à Warrnambool ; et dans l'année courante, une autre a été ouverte à Kyneton, formant un total de dix Caisses d'Epargne pour la Colonie. Leur progrès d'année en années sont annotés dans le tableau suivant :—

TABLE XXIX.—VICTORIA.—*Caisses d'Epargne. Nombre de Déposants, Montant de leur "Crédit" et Moyenne pour chaque.*

Date.	Nombre de Déposants.	Montant de leur "Crédit."			Moyenne pour chaque.		
		£	s.	d.	£	s.	d.
Au 1ᵉʳ Juillet, 1853 ...	2,549	142,654	15	6	55	19	3
„ 1854 ...	2,761	180,020	5	7	65	4	0
„ 1855 ...	2,502	173,090	1	11	69	3	7
„ 1856 ...	3,620	245,923	7	10	67	18	8
„ 1857 ...	5,682	374,868	9	8	65	19	9
„ 1858 ...	7,232	432,250	10	0	59	15	4
„ 1859 ...	8,854	468,778	10	11	52	18	11
„ 1860 ...	10,135	484,500	19	11	47	16	1
Au 31 Mars, 1861 ...	11,349	540,622	13	10	47	12	6

93. Sur les 11,349 comptes ouverts au 31 Mars, 1861, 7,657 étaient au nom d'hommes et 3,692 au nom de femmes.

94. Le nombre respectif des déposants, et le montant total des sommes à leur crédit au 31 Mars, 1861, étaient ainsi que suit :—

TABLE XXX.—VICTORIA —*Porteurs de Livrets de Caisses d'Epargne et Montant de leur " Crédit," 1861.*

Caisse d'Epargne.	Nombre de Porteurs de Livrets.			Total du "Crédit" des Deposants.
	Hommes.	Femmes.	Total.	
				£ s. d.
Melbourne	4,316	2,265	6,581	341,706 10 11
Geelong	1,175	597	1,772	75.256 14 4
Portland	162	80	242	8,837 19 11
Belfast	55	26	81	2,109 2 7
Castlemaine ...	414	157	571	21,334 8 3
Sandhurst	831	273	1,104	55,184 5 6
Ballaarat	538	234	772	29.937 9 0
Maryborough	57	18	75	2,325 19 10
Warrnambool	77	33	110	3,317 4 0
Kyneton	32	9	41	612 19 6
Total ...	7,657	3,692	11,349	540,622 13 10

La moyenne pour chaque déposant se monte donc au chiffre élevé de £47 12s. 9d. par personne.

95. Le tableau suivant est une classification de la balance des comptes des déposants dans toutes les Caisses d'Epargne de la Colonie, au 1ᵉʳ Juillet, 1860 :—

TABLE XXXI.—VICTORIA.— *Caisses d'Epargne, Classification des Dépôts,* 1860.

Classification.	Nombre de Déposants.	Montant des Dépôts.
		£ s. d.
Au-dessous de £20	4,667	32.397 12 6
de £20 à £50	2,555	81.292 12 1
de £50 à £100	1,538	105,680 3 2
de £100 à £150	660	78,526 15 9
de £150 à £200	267	45,769 2 3
Au-dessus de £200	449	140,834 14 2
Total	10,135	484,500 19 11

Associations de Secours Mutuels.

96. De nombreux et louables efforts ont été faits de temps en temps d'après les provisions de l'Acte des Sociétés amies en vue de l'établissement de sociétés pour le secours de leurs membres en cas de maladie, pour des sommes d'argent à la mort, et pour des pensions en cas de vieillesse. Ces sociétés consistent principalement en sociétés de " Odd Fellows" (littéralement " Originaux"), et de cours d'anciens Forestiers. On a montré une disposition à placer ces associations sous la protection de la loi, et aussi à leur fournir les conseils d'hommes d'affaires, non seulement en ce qui a rapport au calcul de primes et bénéfices, mais encore en ce qui

concerne le placement de fonds accumulés à intérêts composés. A mesure que la population augmente et devient plus réglée dans ses habitudes, il faut espérer que des associations florissantes de Secours Mutuels s'établiront, et formeront un trait caractéristique dans l'économie sociale des classes industrielles de la Colonie de Victoria. Si on considère donc que les lois de maladie, mortalité et durée d'existence, sont calculées d'une manière exacte, il ne faut plus que le simple bon sens des masses à suivre les conseils qui leur sont donnés pour se prémunir contre les conséquences lamentables qui résultent du manque d'argent, lors de maladie, mort prematurée, et vieillesse indigente.

Banques et leurs Opérations.

97. Une relation tout à la fois complète et fidèle des opérations de banque dans la Colonie de Victoria édifierait sur beaucoup de sujets intéressants de politique économique et sociale, et les notes données ici sur les banques et leur commerce seront utiles, si peu nombreuses qu'elles soient, pour toute autre histoire statistique qui sera publiée par la suite.

98. La table suivante comprend une liste des banques établies dans la Colonie de Victoria :—

TABLE XXXII.—VICTORIA.—*Banques, Nombre de Succursales,* 1861.

Nom de Banque.	Nombre de Succursales dans la Colonie.	Etablissement Principal.	Remarques.
Les suivantes ne sont pas locales :—			
Banque d'Australasie ...	10	Londres	
Banque unie d'Australie ...	10	Londres	
Banque des Nouvelles Galles du Sud	10	Sydney	A aussi 4 agences pour l'achat de l'or
Banque de Londres charte d'Australie	10	Londres	
Banque Anglaise, Ecossaise et Australienne	3	Londres	
Banque de la Corporation Orientale	15	Londres	
Les suivantes sont les Banques locales :—			
Banque de Victoria ...	15	Melbourne	Y-compris l'établissement principal
Banque Coloniale d'Australasie	7	Melbourne	Y-compris l'établissement principal
Banque Nationale ...	10	Melbourne	Y-compris l'établissement principal et agences.

TABLE XXXIII.—VICTORIA.—*Passif des Banques.*

	1851.	1853.	1855.	1857.	1858.	1859.	1861.
	£	£	£	£	£	£	£
Billets de Banques	102,414	1,735,651	1,942,862	2,341,010	1,993,275	1,932,554	1,760,992
Mandats	9,240	90,803	49,208	80,111	53,447	65,652	67,757
Dépôts	703,167	5,718,486	4,611,567	6,049,626	5,672,247	6,394,258	7,264,111
Dû au Public par les Banques	814,821	7,544,940	6,603,637	8,470,717	7,718,969	8,392,464	9,092,860
Dû à d'autres Banques	4,480	966,657	313,295	781,066	219,335	269,299	106,697
Total du Compte-rendu	819,301	8,511,597	6,916,932	9,251,813	7,938,304	8,661,763	9,199,557

La principale portion de la circulation est en billets de Banque d'une livre sterling.

TABLE XXXIV.—VICTORIA.—*Actif des Banques.*

	1851.	1853.	1855.	1857.	1858.	1859.	1861.
	£	£	£	£	£	£	£
Monnaie d'or, d'argent, etc.	273,184	3,594,579	2,519,584	2,001,128	2,129,844	1,815,819	2,262,887
Or, etc., en lingots et en barres	..	1,391,264	602,666	667,866	492,226	480,923	559,746
Obligations du Gouvernement	..	50,000	511,927	363,850	185,281	31,163	54,507
Biens fonciers*	18,279	42,594	192,980	280,155	389,570	436,815	497,282
	291,463	5,078,437	3,827,157	3,312,999	3,196,921	3,064,720	3,374,422
Dettes dues aux Banques par le Public pour Escompte et excédant de Crédit	615,312	2,766,653	4,679,514	8,194,860	7,999,244	9,388,594	9,286,328
Avoir	906,775	7,845,090	8,506,671	11,507,859	11,196,165	12,453,314	12,660,750
Billets et Mandats d'autres Banques	2,034	197,970	111,674	154,050	145,351	151,194	144,396
Dû par d'autres Banques	..	211,492	661,623	884,598	245,278	283,900	93,185
Total du Compte-rendu	908,809	8,254,552	9,279,968	12,546,507	11,586,794	12,588,408	12,898,331

* Le "bien foncier" est presque exclusivement composé de propriétés, dans la Colonie, des différentes Banques, principalement leurs établissements. Les Banques étant généralement empêchées par leur acte d'incorporation d'avancer des fonds sur le nantissement de propriétés foncières.

99. Le Compte-Rendu des opérations de Banques dans la Colonie de Victoria est donné sous une forme condensée dans les tableaux précédents d'Actif et de Passif. Ils ont été faits d'après les comptes assermentés fournis chaque trimestre par les différentes banques au Gouvernement, et comprennent les premiers comptes-rendus faits pour la Colonie de Victoria après sa séparation de New South Wales le 1er Juillet, 1851. L'effet de la découverte des mines d'or sur les opérations des banques coloniales peut être estimé par la différence qui existe entre les chiffres de 1851 et ceux de 1853.

Circulation des Billets de Banque.

100. Pour obtenir le montant de la circulation exacte des billets de banque, il faut soustraire les montants indiqués comme billets en circulation de ceux qui sont sous le titre de billets d'autres banques et qui paraissent dans l'actif; par la raison que ces billets, étant entre les mains de certains banques pour être rendus en échange à d'autres, sont par le fait, à proprement parler, hors de la circulation. Par rapport aux "Balances dues à d'autres Banques" et "Balances dues par d'autres Banques," bien que les comptes-rendus trimestriels professent représenter l'Actif et le Passif des Banques dans la Colonie de Victoria, on a l'habitude d'y ajouter sous ces différentes titres les comptes des autres banques en dehors de la Colonie, ce qui dérange, jusqu'à un certain point, l'effet général des comptes-rendus comme caractéristique des facilités accordées aux colonistes : mais il est manifeste que si ces comptes, en dehors de la Colonie, n'eussent pas été introduits, le total des comptes des banques entr'elles devrait se balancer. Conséquemment il faut, pour estimer correctement l'état de dette, soit des banques à la Colonie ou de la Colonie aux banques, mettre de côté ces différents comptes de banques entr'elles.

101. En appliquant ces observations aux tables précédentes nous arrivons aux résultats de "l'état de dette du Public aux Banques et des Banques au Public" tels qu'ils sont démontrés dans le tableau suivant. La valeur de ces résultats est encore imparfaite, par le fait que dans ces comptes-rendus trimestriels dont ces calculs sont déduits, aucune distinction n'est faite entre les comptes du Gouvernement et ceux du Public : malgré cela, comme les opérations ordinaires du Gouvernement ne produiraient aucune fluctuation importante, et que les dépenses extraordinaires du

Gouvernement ont été pour les chemins de fer (qui en Angleterre eussent été du ressort de l'entreprise particulière), ils peuvent être pris, dans leur effet général, comme indiquant la relation entre les facilités accordées par les banques de la Colonie et le développement de son industrie.

TABLE XXXV. —VICTORIA. — *Etat de la dette du Public aux Banques contrasté avec les engagements des Banques vis-à-vis du Public.*

	1851.	1853.	1855.	1857.	1858.	1859.	1861.
	£	£	£	£	£	£	£
Dû par les Banques au Public pour circulation de Billets de Banque, Mandats, Dépôts, etc.	811,787	7,346,970	6,492,964	8,316,697	7,573,618	8,141,270	8,848,464
Dû par le Public aux Banques pour Escompte de Billets, Excédant de crédit, etc. ..	615,312	2,766,653	4,679,514	8,194,860	7,999,244	9,388,594	9,286,328
En faveur du Public ..	196,475	4,580,317	1,813,450	121,837	—	—	—
En faveur des Banques ..	—	—	—	—	425,626	1,247,324	437,864

102. On remarquera par la ligne " En faveur du Public " que de 1851 à 1857, toutes deux inclusivement, les banques n'avaient avancé aucune partie de leur capital mais seulement une portion des dépôts et billets en circulation, laissant sans emploi entre leurs mains, pendant quatre années, des sommes variant de £121,837 à £4,580,317 ; tandis que de 1858 à 1861, toutes deux inclusivement, comme il est démontré dans le ligne " En faveur des Banques," les banques avaient prêté aux colonistes tout le montant des dépôts et des billets en circulation plus des sommes variant de £425,626 à £1,247,324.

103. Les banques, à une exception près (la Banque Coloniale), ne donnèrent pas, jusqu'à l'année 1855, d'intérêt sur les dépôts. Le 30 Septembre de cette année (1855) le montant des

		£
Dépôts rapportant intérêt était de	...	156,200
En 1857 il s'élevait à	...	1,057,262
„ 1858 „	...	4,421,435
„ 1859 „	...	4,933,940
„ 1861 „	...	4,592,581

Ces diverses sommes forment naturellement partie du total brut des dépôts dont il est fait mention aux tables de " Passif et Actif."

104. Nous n'avons pas cherché à montrer, dans ces différentes tables, le capital et les fonds de réserve des banques étrangères ni les profits qui ont été divisés ; parceque les montants qui sont donnés sous ces titres, dans les comptes-rendus trimestriels, ne s'appliquent pas seulement à la Colonie de Victoria, mais comprennent aussi les autres Colonies Australiennes, Maurice, l'Inde, la Chine et Londres.

105. Le montant du capital payé et des fonds de réserve des trois banques locales au 30 Juin, 1861, etait ainsi que suit :—

	Capital Payé.	Fond de Réserve.
Banque de Victoria ...	£500,000	£85,000
Banque Coloniale ...	312,500	50,000
Banque Nationale ...	229,261	9,000
	£1.041,761	£144,000

106. La circulation de la monnaie d'or est considérable, mais le montant n'en est pas constaté.

107. La monnaie d'or faite à Sydney ayant été constituée en cours légal pour la Colonie, a déplacé (conséquence naturelle) la monnaie Impériale, qui s'est graduellement retirée aux Indes, en Chine et en Angleterre. Une négociation est suivie avec le Gouvernement Impérial pour la formation d'un Hôtel des Monnaies à Melbourne, bien que le privilége d'une circulation Impériale ait été jusqu'à présent refusé.

Associations pour les Mines d'Or.

108. Voici maintenant un peu plus de deux années que les opérations de mines sur une grand échelle, par des compagnies publiques, ont été commencées dans la Colonie de Victoria. Avant cette période le travail des mines était entièrement fait par des associations de mineurs sur un système co-opératif. Un grand succès ayant généralement couronné leurs travaux, fut un encouragement pour le placement d'une portion de l'excédant du capital de la Colonie, dont une grande partie restait inactif entre les mains des banques, rapportant seulement un intérêt insignifiant. Quand une compagnie de mineurs arrivait au niveau de l'eau, leurs efforts étaient paralysés, et il devint nécessaire d'obtenir des pompes qui leur permissent de suivre les filons d'or à une plus grande profon-

deur. Ceci nécessitait un capital. Les droits des possesseurs de terrains aurifères furent évalués à un certain prix (généralement beaucoup trop élevé), et le public fut invité à se réunir dans le but d'ériger des pompes et des machines à broyer le minerai. Le succès de quelques entreprises engendra une disposition à la spéculation, dont beaucoup de personnes profitèrent pour amener sur le marché un grand nombre de terrains prétendus aurifères, et une perte considérable s'ensuivit pour le public. On peut évaluer, sans exagération, le capital des compagnies qui se sont éteintes pendant les deux dernières années, à un demi million sterling. Bien que perdu pour les propriétaires, cet argent n'a pas été complètement perdu pour le pays ; les dépenses en salaires ont profité à la généralité des mineurs et ont aussi alimenté les intérêts du commerce et des manufactures, et dans quelques cas même, après l'insuccès et l'abandon de leur propriété par les actionnaires, une nouvelle société devint acquéreur de la mine et du matériel, à un prix peu élevé, et réussit d'une façon remarquable. Dans la Cote officielle de la Bourse de Melbourne environ une vingtaine de compagnies cotées payent des dividendes avec une certaine régularité. Le capital souscrit de ces compagnies se monte à £345,000 et le capital payé à £300,000. Une de ces compagnies a un capital de £62,000, deux, d'environ £40,000, et le reste est au-dessous de £20,000 chacune, la moins importante étant de £1,500. La compagnie de Clunes a payé en quatre années £196 de dividendes sur chaque £15 payées par action. La compagnie de l'Hercule en douze mois a payé £172 par action de £230. La compagnie de l'Ajax 57½ pour cent. sur le capital en trois mois. La compagnie de la mine Catherine 9s. et 3d. par chaque 11s. payés par action, en moins d'une année ; et la compagnie de Vaughan 37½ pour cent. en six mois environ. Aucun dividende n'a été payé de moins de cinq pour cent. Trente-sept compagnies récoltant de l'or, mais n'ayant pas, néanmoins, encore payé de dividendes à leurs actionnaires, sont reconnues dans la Cote de la Bourse : elles représentent £880,600 actions et un capital payé de £720,000. Plusieurs de ces compagnies, pour cause de mauvaise administration, sont dans une position précaire, et seront probablement liquidées, et les travaux qui ont été payés par les actionnaires auront été faits au profit de futurs propriétaires. Le système d'administration n'est qu'imparfaitement compris, et les fonds qui devraient être disponibles et servir à payer des dividendes sont constamment gaspillés en administration dispendieuse et travaux inutiles. Le système de salaires réguliers n'ayant pas donné une satisfaction suffisante, on cherche maintenant à initier l'entreprise en participation; en d'autres termes, le mineur prend sur lui une juste part de risques. Les actionnaires fournissent les machines et le matériel dispendieux nécessaire à l'entreprise, et une part proportionnelle de l'or nette, et fixée d'avance, est accordée aux capitalistes pour leur intérêt et aux mineurs pour leur travail. A tout prendre, l'exploitation des mines d'or par des compagnies, jugée par les résultats, doit être nécessairement traitée d'insuccès, mais le peu de temps que ces entreprises ont été en existence empêche de les juger d'une manière définitive; car on a gagné une très grande expérience, et la route du succès pour l'avenir paraît définitivement établie.

PROGRÈS INTELLECTUEL, RELIGIEUX ET MORAL.

Éducation.

109. A en juger par le nombre de personnes capables de signer leurs noms sur les registres de mariages chaque année, il est évident que le population adulte de Victoria possède un plus haut dégré d'instruction que la majorité de la population d'Angleterre; et il n'est donc pas surprenant que la législation et les familles coloniales aient, depuis longues années, fait des efforts ardents et bien dirigés pour assurer à la génération naissante le bienfait d'une bonne éducation.

Université.

110. L'Université de Melbourne a été ouverte depuis six ans. Ses titres sont reconnus égaux à ceux que confèrent les Universités d'Angleterre. Un nouveau rapport de Sir Redmond Barry, son Chancelier, affirme que, "Outre l'instruction, sur une échelle obligatoire, plus étendue que dans beaucoup d'autres universités, pour obtenir les diplômes ès-lettres, des écoles ont été ouvertes pour conférer des diplômes en droit, et aussi pour enseigner les

arts utiles de l'architecte, de l'ingénieur civil et du géomètre. Les étudiants immatriculés sont au nombre de trente-six ; cinquante-trois suivent les cours de droit ; et quinze suivent des cours pour devenir ingénieurs civils et géomètres. Le nombre total est donc de 104, sur lesquels 90 suivent les différents cours avec une exactitude et une application qui augurent en faveur du succès de leurs efforts." Le Musée National d'Histoire Naturelle, Manufactures et des Mines, sous la direction de Monsieur le Professeur McCoy, est une source de grande instruction populaire. Il a été visité pendant l'année 1860 par 35,204 personnes.

Ecoles.

111. Il y a différents Colléges et Institutions en connexion avec l'Eglise Anglicane, l'Eglise Catholique et l'Eglise Presbytérienne. L'instruction primaire et secondaire est généralement donnée sous la direction de Conseils d'Ecoles Nationales et de Dénominations Religieuses. En 1851 le nombre total d'écoles, dans la Colonie, était de 129, et le nombre d'écoliers de 7,060 ; au commencement de 1861 le nombre des écoles était de 886 et celui des écoliers de 51,668. Les allocations reçues du Gouvernement, le montant des droits et autres contributions, ainsi que le nombre des écoles et écoliers sous les trois divisions de Nationale, Dénominationale et Particulière, sont données dans le tableau suivant :—

TABLE XXXVI.—VICTORIA.—*Résumé des Ecoles,* 1860.

Description des Ecoles.	Nombre d'Ecoles.	Nombre d'Ecoliers.			Allocation du Gouvernement.	Droits d'Ecoles et Contributions.	Total.
		Garçons.	Filles.	Total.			
					£ s. d.	£ s. d.	£ s. d.
Dénominationales	505	18,441	16,162	34,603	84,604 18 5	48,653 10 7	133,258 9 0
Nationales ..	160	6,726	5,358	12,084	25,550 7 10	12,798 14 5	38,349 2 3
Particulières ..	221	1,938	3,043	4,981	—	—	—
Total ..	886	27,105	24,563	51,668	110,155 6 3	61,452 5 0	171,607 11 3

On croit qu'il n'y a que peu d'enfants, dans la Colonie de Victoria, qui ne reçoivent pas un certain dégré d'instruction scolastique ; et de vigoureux efforts sont faits par les différentes dénominations religieuses et d'autres personnes pour former un système tout à la fois juste, compréhensible et économique, qui assurerait une éducation morale et religieuse à tout enfant de la communauté capable de recevoir de l'instruction. Toutes les dénominations religieuses ont des Ecoles de Dimanche.

Education des Adultes.

112. Des Ecoles du Soir ont été établies pour les adultes dans différentes parties de la Colonie. En outre on peut ajouter les institutions destinées à ceux qui ont un certain dégré d'instruction, telles que la Société Royale, les Instituts d'Artisans, et d'autres Sociétés au nombre de près de cinquante à Melbourne et ses environs seulement. De plus, il y a la Bibliothèque de Melbourne, qui fut ouverte le 11 Février, 1856. Le tableau suivant montrera les progrès de cette admirable institution :—

TABLE XXXVII.—VICTORIA.—*Livres et Visiteurs*, 1856-1861.

Année.	Nombre de Livres.	Visiteurs.	Ouverte chaque Jour.
			A.M. P.M.
1856	3,846	23,769	de 10 à 4
1857	5,806	49,226	„ 10 „ 4 et 6 à 9 P.M.
1858	7,320	77,925	„ 10 „ 9
1859	13,214	127,887	„ 10 „ 10
1860	22,024	162,115	„ 10 „ 10
1861	29,120	103,549 (8 mois.)	„ 10 „ 10

113. Le nombre des livres s'élève maintenant à 29,120, qui ont été achetés à un coût de £25,000. Les dimensions du bâtiment sont de 145 pieds de long, 50 pieds de large et 50 pieds de haut, et le coût total est de £36,000.

114. Un Musée d'Art est en connexion avec la Bibliothèque. Les détails suivants le concernant ne manquent pas d'intérêt :—

TABLE XXXVIII.—VICTORIA.—*Musée d'Art de Melbourne, ouvert le 24 Mai, 1861, par Son Excellence le Gouverneur de Victoria.*

Date.	Visiteurs.	Ouvert de 12 à 4 P.M.
Juin	4,778	
Juillet	4,002	13,357
Août	4,577	

La parti du Musée d'Art renferme :

1.—Une Bibliothèque de Livres traitant d'Art et d'Architecture.
2.—Une Collection de Sculpture Antique et Moderne.
3.—Une Collection de Travaux d'Art du Musée de Kensington.
  Collection (A).—Electrotypes de Vases et d'Armes.
  Collection (B).—Ivoire Végétale et Poteries (Diptychs et Tuptychs) du commencement de l'ère Chrétienne.
4.—Collection de Photographes de la Société d'Architecture de Londres.
5.—Les Ouvrages publiés par la Société Arundel (Livres, Gravures et Photographes).
6.—Statuettes de Venus et Cupid, en biscuit ; prix d'une Art-Union. Présent fait au Musée d'Art.
7.—Collection de fac-similes de Sceaux des Souverains de la Grande Bretagne.
8.—Collection de fac-similes de Sceaux de Corporations et de Sociétés Religieuses d'Angleterre.
9.—Collection de fac-similes de Sceaux.
10.—Collection de Médailles et Monnaies.
11.—Collection d'Armes, d'Outils et de Nattes des Iles Fiji.
12.—Collection d'Armes à Feu Indiennes, Sabres, Boucliers, etc.
13.—Collection d'Armes et d'Outils des Aborigènes d'Australie.
14.—Collection de Lances et d'Armes de l'Ile des Sauvages, lat. 19° Sud Pacifique Océan.

115. Dans huit autres des villes principales de la Colonie des Bibliothèques ont été fondées, et elles reçoivent régulièrement en prêt des livres en double de la Bibliothèque de Melbourne. On a l'intention d'étendre cette faveur à d'autres villes encore, aussitôt qu'un arrangement convenable aura été fait par les autorités locales.

La Presse.

116. La grande quantité de publications dans la Colonie de Victoria est une conséquence naturelle de l'incessante activité d'esprit de ses habitants. A Melbourne seulement, il y a trois journaux quotidiens, trente et un journaux hebdomadaires, dix journaux semi-mensuels, dix journaux mensuels, un trimestriel et un annuel, ou près de cinquante en tout. Pour toute la Colonie de Victoria le nombre des publications périodiques s'élève à près de cent. Ces publications sont naturellement exclusives de rapports scientifiques et autres, ainsi que de ceux qui sont faits

annuellement ou à d'autres intervalles par les Ministres aux Chambres Législatives.

Etablissements de Bienfaisance.

117. Un trait caractéristique et satisfaisant des progrès de la Colonie de Victoria, est la générosité et la bienfaisance publique, dont on a une preuve convaincante par la construction et l'entretien, dans un pays aussi jeune, de nombreux Hôpitaux, Asiles d'Orphelins et Etablissements de Bienfaisance. Le tableau suivant montre l'étendue de nos charités publiques. Les charités particulières sont aussi considérables, mais n'étant pas connues sortent du ressort des statistiques.

TABLE XL.—VICTORIA.—*Hôpitaux, Asiles de Bienfaisance, Asiles d'Orphelins, etc.,* 1860.

Description.	Nombre.	Nombre de Lits.			Secours donnés			Proportion journalière de Secours donnés			Allocation du Gouvernement.			Contributions Particulières, etc.		
		Hommes.	Femmes.	Total.	à l'intérieur	au dehors.	Total.	à l'intérieur	au dehors.	Total.						
											£	s.	d.	£	s.	d.
Hôpitaux, y-compris la Maternité ..	18	723	334	947	7,260	13,749	21,009	614	1,029	1,643	48,626	0	0	31,122	19	2
Asiles de Bienfaisance	6	518	183	701	1,145	1,002	2,147	436	90	526	22,033	4	8	12,425	11	11
Asiles d'Orphelins ..	4	201	174	375	275	—	275	146	—	146	8,798	8	3	6,111	9	8
Asiles d'Aliénés ..	1	351	245	596	—	—	—	—	—	—	9,937	0	0	—		
Société de Secours pour les Immigrants	1	240	160	400	1,625	645	2,270	—	—	217	1,500	0	0	4,058	13	5
	30	2,033	986	3,019	10,305	15,396	25,701	—	—	2,532	90,894	12	11	53,718	14	2

Cultes.

118. En 1851 les Lieux du Culte dans la Colonie de Victoria, y-compris des bâtiments temporaires et des maisons particulières, étaient au nombre de trente-neuf, pouvant contenir environ quinze mille personnes. Le nombre des desservants était de quarante et un. A la fin de 1860 il y avait 874 Lieux du Culte enregistrés, et on sait que le nombre en était plus élevé, et la place disponible était calculée comme suffisante pour 150,000 personnes. Le

nombre d'ecclésiastiques, des différentes dénominations religieuses, enregistrés comme célébrants de mariages pour la Colonie de Victoria, est detaillé dans le tableau suivant: —

TABLE XLI.—VICTORIA.—*Nombre d'Ecclésiastiques enregistrés par la Direction de l'Enregistrement d'après l'Acte du Mariage, 22 Victoria No. 70, pour la Solemnisation du Mariage, 1er Septembre, 1861.*

Eglise Anglicane	81
Eglise Catholique Romaine	42
Eglise Presbytérienne	71
Synode Presbytérienne libre	8
Synode Presbytérienne unie	4
Eglise Wesleyenne	42
Union Congrégationelle	33
Eglise Anabaptiste	22
Eglise de Méthodistes primitifs	13
Eglise libre de Méthodistes unis	7
Chrétiens de la Bible	5
Chrétiens Israélites	1
Eglise libre Anglicane	1
Unitairiens	1
Disciples du Christ	1
Indépendants (ne faisant partie d'aucune dénomination distincte)	4
Eglise Allemande de Luthériens	4
Total	340

Ce nombre donne un prédicateur par chaque 1,589 de la population totale.

Le manque de temps et d'espace m'obligent à terminer cette courte et imparfaite esquisse, et je suis forcé de laisser de côté une quantité de matériaux qui prouveraient encore d'autres progrès de la Colonie de Victoria.

W. H. ARCHER.

DE LA

VÉGÉTATION DE LA COLONIE DE VICTORIA,

PARTICULIÈREMENT EN CE QUI A RAPPORT À SES RESSOURCES ;

ESQUISSE

PAR FERD. MUELLER, M.D., PH.D., F.R.S.

AUCUNE des immenses étendues du Continent Australien n'offre, dans un espace égal à celui de la Colonie de Victoria, un aspect physique et une végétation aussi variés ; et peut-être peu d'autres parties de ce Continent sont destinées au développement de ressources aussi nombreuses, et d'une industrie aussi variée, que celles qui ont déja commencé à vivifier un territoire qui, il y a quelques dizaines d'années seulement, était une solitude inconnue.

Nos étendues de forêts au levant et au midi jouissent d'une sérénité de climat subtropical, provenant non seulement de l'abri que les hautes chaines de montagnes de la Tasmanie lui donnent contre les brises antarctiques à nos côtes opposées, mais résultant aussi d'un adoucissement de la température d'hiver, qu'un courant doux, aërien et océanique de latitudes tropicales exerce au Sud-Est de l'étendue de nos côtes.

Dans la plupart des régions du littoral méridional de Victoria, particulièrement dans l'étendue des forêts, une végétation surpassant les types de la Tasmanie croît avec exubérance, démontrant ainsi, à n'en pas douter, la fraîcheur et l'humidité d'un climat presque insulaire.

Des chaines d'Alpes majestueuses, s'étendant principalement vers la partie Nord-Est de Victoria, mêlent à leur végétation une quantité de plantes endémiques sous des formes de vie végétale qui sont généralement restreintes à l'île de Tasmanie.

Des étendues de désert, qui ne sont séparées que par quelques méridiens de régions dans lesquelles la neige ne fond jamais entièrement, environnent l'observateur de produits d'une création animée et végétative qui souvent ont une ressemblance ou une analogie avec celles des abaissements plus au centre du Continent Australien.

Placée entre les points physiques les plus prominents du pays se trouve principalement une étendue de terrains bas ou de collines, généralement bien arrosés et particulièrement adaptés à la culture, bien que souvent elle soit interrompue par des amas de bruyères et des abaissements marécageux, ainsi que par les montagnes et vallées, des trésors aurifères desquelles le développement rapide de notre industrie dépend si matériellement.

La disparité des conditions physiques de chacun des principaux districts, telle qu'elle a été esquissée en cette circonstance, rend nécessaire de considérer, ne serait-ce que d'un coup d'œil, les produits naturels végétaux et leurs capacités respectives en ce qui a rapport à l'agronomie et à l'horticulture.

Sous un climat aussi fertile que celui de l'Est de Gipps Land, une exubérance de végétation de formes subtropicales s'étend de la frontière Sud-Est de la Colonie jusqu'au Lac King.

Un majestueux palmier-éventail (Livistonia Australis) élève sa tige élancée et superbe à une hauteur de quatre-vingts pieds, assignant là, pour la noble classe qu'il représente, la latitude géographique la plus étendue au midi. Son bouton terminal fournit la palme-choux dont les feuilles sont très recherchées comme matière pour la confection de chapeaux. C'est dans ce district que la végétation Eucalyptus fait place, jusqu'à un certain point, aux arbres de type Indien, à feuillage horizontal et à ombrages épais. Les espèces Acmene, Acronychia, Ficus, Eupomatia, Elæocarpus, Angophora en ornent les forêts, et beaucoup d'entre elles sont précieuses pour la qualité de leurs bois, qui jusqu'à présent néanmoins n'ont été soumis que fort peu à l'essai de nos artisans.

Le genre Eucalyptus, qui prédomine dans presque toute l'Australie, n'est représenté ici que dans l'étendue de la côte du Continent au levant, par les espèces comprenant le bois-sang (Eucalyptus corymbosa), le tronc laineux (Eucalyptus Woolsiana), le faux acajou (Eucalyptus botryoides*). Des masses de parasites,

---

* En ce qui concerne les qualités respectives de ce bois ainsi que d'autres articles, produits de notre flore, qui tôt ou tard deviendront utiles à l'industrie et au commerce, se référer aux rapports des Jurés.

comprenant les espèces Cissus, Celastrus, Stephania, Marsdenia, Thylophora, Smilax et Eustrephus, envahissent souvent les arbres les plus élevés de ces forêts, et quelques Epiphital Orchidés des espèces Denbrodium et Sarcochilies forment ici l'avant-garde dispersée des principales masses de plantes de l'Est Australie. Avec un accès plus facile à cette partie du pays, sa grande humidité, ainsi qu'une grande facilité d'irrigation, le rendra tout-à-fait propre à la culture du riz et d'autres plantes de la zone subtropicale, le riz étant cultivé sous la même zone isothermale dans l'hémisphère du Nord. Il est probable aussi que le cotonnier réussira suffisamment dans ces districts pour rendre, par la suite, sa culture rémunérative ; le thé de la Chine et un tabac d'une qualité supérieure seront, probablement aussi, produits dans ces régions si favorisées par le climat. En remontant les rivières de l'Est Gipps Land le voyageur abandonne la végétation luxuriante des chaudes vallées littorales ; des arbres et des arbrisseaux d'une constitution moins délicate apparaissent peu à peu, les espèces Eucalyptus forment encore presque partout le principal bois de haute futaie, parmi lesquelles Eucalyptus coriacea et Eucalyptus Gunnii sont prédominants ; jusqu'à ce qu'on arrive à une élévation de plus de 4000 pieds, où les arbres des forêts, sous une température froide, diminuent de grosseur ; et à des élévations de 5000 pieds ils cessent d'exister, à moins qu'ils ne cherchent à vivre dans quelques places abritées, où ils sont réduits à une taille tout à fait diminutive ; tandis qu'à des hauteurs approchant de 6000 pieds l'intempérie d'un hiver prolongé n'admet plus l'existence de plantes ligneuses, dans des localités où le court été ne développe que des gramens nains et que des herbes alpestres déprimées, dont un grand nombre sont d'une grand beauté.

Malgré cela, toutes les parties de nos montagnes de neige ne resteront pas pour toujours inoccupées. Une quantité de délicieuses vallées, souvent couvertes d'herbages abondants, deviendront d'ici peu de beaux pâturages et formeront de véritables hautes terres d'Australie. Au-dessus des sources principales des rivières, l'accès de vallée à vallée et de plateau à plateau est généralement facile et n'est interrompu que par des ruisseaux guéables. Rien ne peut surpasser le délicieux effet qui est produit par un coup d'œil sur les vallées verdoyantes de ces hautes terres au milieu de l'été, lorsqu'après une ascension des plaines desséchées des basses terres, au travers des bois fourrés des chaines inférieures, on arrive aux montagnes élevées et à l'atmosphère pure et légère des Alpes Australiennes. C'est probablement là que le llama ou alpaca jouira du climat le plus homogène à ces utiles animaux ; là le cerf et le daim brouteraient une végétation sous beaucoup de rapport semblable à celle de leur contrée originaire, et là aussi pourraient vivre les animaux de zones moins tempérées. Beaucoup de plantes et d'arbres fruitiers vigoureux pourraient être aussi rendus spontanés. Sans les Alpes, d'où la fonte des glaciers entretient des ruisseaux qui ne cessent de couler, la plus noble des rivières d'Australie, la Murray, qui circonscrit la frontière Nord de Victoria, ne pourrait forcer ses eaux vers l'océan sous une forme navigable.

La portion Sud-Ouest des Alpes Australiennes est entourée à moitié par des ravins humides et profonds, dans lesquels la végétation exubérante d'arbres de fougeraie (Alsophila Australis et Dicksonia Antarctica) retient une quantité d'humidité qui aide au développement abondant et vigoureux du hêtre toujours vert (Fagus Cunninghamii) qui constitue, dans cette partie, la forêt principale. Dans ces terrains marécageux et dans ces vallons de forêts bien abrités, le Vaccinia et autres fruits de pays plus froids réussiraient ; les sapins du Nord et pins de régions de hautes montagnes pourraient y être transplantés, à l'abri des feux de broussailles qui dévastent si souvent les basses terres.

La végétation des fougères n'est pas restreinte à ces parties du pays ; au contraire, la plus grande partie des chaines de montagnes, du Sud de la rivière Hopkins à la terre de Gipps, est ornée de cette noble forme de végétation, donnant abri, sous son parfait ombrage, à une variété infinie de plantes cryptogamiques, qui sont si abondamment développées dans les ravins de fougeraie, dans les marais alpestres ou le long des ruisseaux ombrageux des forêts de Victoria.

Parmi les principaux arbres restreints à ces parties de notre Colonie, le Sassafras (Atherosperma moschatum), dont l'écorce aromatique, pour ses vertus toniques, mérite une attention toute spéciale et une adoption étendue par la médecine. L'arbre de bois-noire (Acacia melanoxylon), qui donne un bois si beau et si solide, atteint dans les ravins de fougerais ses plus grandes dimensions. La vigueur de la végétation dans les réserves de ces chaines de montagnes est démontrée lorsque nous voyons de temps en temps l'arbre à thé nain des marécages atteindre une hauteur de 120 pieds. Le terroir de ces chaines de montagnes est tout à la fois profond et riche en décomposition de matières végétales, et bien qu'il ne soit que difficilement dégagé de ses bois, il supporte la culture pendant une période prolongée.

Les physionomies de deux paysages ne peuvent être plus remarquablement différentes que celle des montagnes de fougeraies et le désert. Dans le premier, l'ombrage, l'humidité, le feuillage délicat et l'uniformitié de climat prédomine. Dans le second, la sécheresse de l'atmosphère cause de température de longues saisons d'été et d'hiver, tandis que l'âpreté et la raideur des arbrisseaux, dont le feuillage est souvent dans une position verticale, sont calculées pour résister à l'influence d'une grande chaleur pendant l'été. Cependant la nature si généreuse n'a pas rendu ces étendues de terrains inutiles à nos besoins et à une occupation permanente. Par un approvisionnement judicieux des eaux de pluies, les troupeaux sont maintenant pourvus de cet élément, dont la présence seule est suffisante pour leur constant séjour dans ces étendues de désert, où les différents arbustes sont plus ou moins mêlés aux herbes de pâturages et où une grande variété de plantes salées donne une nourriture saine et abondante aux troupeaux de bestiaux et surtout à ceux de moutons.

De grandes étendues de ces terres sont ornées de différentes plantes du plus vif éclat et couvertes d'espèces particulières d'Eucalypti. Les broussailles de Mallee qui, avec l'occupation continue des terres, disparaîtront certainement, mais qui donnent néanmoins au chasseur nomade, au moyen de leurs racines horizontales et retentives, la possibilité de se procurer de l'eau dans un désert autrement desséché, et qui sont revêtues pendant la saison d'été d'une enveloppe saccharine, comme la couverture en forme de coupe d'un insecte à moitié développé, fournissent, avec les racines de certaines plantes, la gomme de divers Acaciæ et Pittosporum acaciodes, les exsudations sucrées du Myoporum platycarpum, les fruits du Nitraria et du Santalum acuminatum (le Quandang), des moyens additionnels de subsistance aux habitants aborigènes du pays. Le pin pyramidal Sandarac (Callitris verrucosa) et l'Exocarpus pleureur interrompent agréablement la monotonie de ce paysage. Le bois odoriférant du Myall, produit dans ces parties de notre Colonie par l'Acacia homalophylla, est un de nos bois d'ornement les plus estimés. Le gommier rouge (Eucalyptus rostrata) indique, comme presque dans toute autre partie du pays, en longues lignes clair-semées, le cours de ruisseaux sujets à être desséchés. Au-delà des moyens ordinaires de culture pastorale, beaucoup pourrait être fait pour l'amélioration de ces parties du pays. La distribution du dattier, qui dans quelques unes des parties arides de l'Egypte, l'Arabie et la Perse, fournit à une portion considérable de la subsistance des habitants, pourrait y être introduite d'une manière permanente. Le mil sucré, une plante bien adaptée à résister à la sécheresse, et produisant un feuillage très abondant pendant la saison des chaleurs, pourrait être élevé facilement et abondamment. L'arbre Carabé, dont, bien qu'originairement introduit du Sud de l'Europe, beaucoup des éleveurs de l'Amérique du Sud dépendent jusqu'à un certain point pour la nourriture de leurs bestiaux ; ainsi qu'un grand nombre d'herbages et de fourrages perpétuels et économiques, pourraient aussi y être naturalisés. Il est au-delà des limites de ce court travail, de nous étendre sur les vastes capacités que la Colonie de Victoria, avec un climat des plus favorables et un terroir d'une immense fertilité, offre à l'agriculture. Toutes les plantes en culture au centre et au midi de l'Europe peuvent être produites en abondance et avec facilité ; et pour apprécier combien l'agriculture et l'horticulture, dans un pays comparativement aussi jeune, ont ouvert de routes permanentes à la prospérité de la Colonie, on peut se rapporter aux tables statistiques, si utiles et précieuses, qui ont été fournies, en cette circonstance, par le Directeur de l'Enregistrement de la Colonie. Bien que la culture de la vigne, comparée à celle des céréales, soit restée quelque peu en arrière, il a été nonobstant établi, par des preuves incontestables, que Victoria n'est pas surpassée par beaucoup de pays dans la récolte de raisins de qualité supérieure pour la production du vin qui bien certainement, d'ici à peu de temps, prendra place non seulement pour la consommation locale mais encore pour l'exportation commerciale. La croissance de la vigne, dans notre latitude, est d'une célérité remarquable, et la récolte de différentes espèces, cultivées par des personnes ayant de l'expérience, en est extrêmement abondante. Une branche d'industrie, peut-être aussi importante, est ouverte, au savoir faire et aux efforts futurs, dans la production de la soie ; des plantations considérables, récemment formées, du mûrier de Chine, prouvent que plusieurs de nos colonistes croient à l'immense importance d'encourager cette branche d'industrie rurale.

Les ressources de notre Colonie, en ce qui a rapport aux bois, sont presque illimitées, bien que nos forêts soient dépourvues des plus grands arbres conifères. Des Eucalypti, souvent d'une taille colossale et d'une grande durabilité, y-compris une grande quantité de gommiers bleu (Eucalyptus globulus), fourniront, par la suite, leurs bois aux marchés étrangers, c'est-à-dire, aussitôt que les ramifications du système des chemins de fer auront placé l'intérieur plus en contact avec les ports et les côtes.

Une espèce d'Eucalyptus, arbre à écorce fibreuse (Eucalyptus obliqua ou Eucalyptus fabrorum), procure, grâce à sa nature, des matériaux de bardeaux; cet arbre forme, dans les districts montagneux, la partie principale des forêts. Il n'est donc pas douteux que cette écorce, qui est facilement séparée et qui est tout à la fois épaisse et fibreuse, ne continuera pas seulement à fournir la toiture des habitations rustiques des fermiers, mais servira à la fabrication d'un papier commun, bien qu'il ne soit pas probable que ni ce bois ni d'autres produits natifs (Isolepis nodosa, Stipa crinita, Lepidospermatæ, Lavatera plebeja), n'arrivent à être une matière comparable, pour cette fabrication, à la paille de maïs.

La végétation principale en arbres et arbrisseaux étant myrtacée, on peut prévoir jusqu'à quel point on pourrait tirer partie de l'huile volatile de ces arbres pour des usages technologiques.

Les feuilles de l'Eucalyptus ont été pendant quelques années en usage pour la manufacture du gaz d'une de nos villes de province. L'Eucalyptus fournit aussi en quantités illimitées la résine Kino Australienne. L'écorce à tanner, dont on se sert principalement dans la Colonie, est produite par divers Acacias (A. mollissima, A. dealbata, A. pycantha), et on peut se la procurer en grande quantité.

Puissent ces courtes observations être suffisantes pour démontrer combien cette terre de notre adoption, qui a déjà, avec une vigueur pleine de jeunesse, fait des progrès si rapides vers son développement, soit qu'on la considère dans sa position géographique, ses caractères physiques, son climat propice ou ses immenses ressources naturelles, est destinée à un avenir plein d'espoir et à devenir le séjour de millions d'habitants heureux et prospères.

EXPLOITATION DES MINES ET STATISTIQUES DE L'OR.

PAR

R. BROUGH SMYTH,

Membre de la Société Géologique de Londres; Membre Correspondant Honoraire de la Société des Arts et des Sciences d'Utrecht; Sécretaire au Département des Mines pour la Colonie de Victoria.

L'EXPLOITATION des mines, dans la Colonie de Victoria, est presque exclusivement restreinte à l'extraction de l'or des rocs aurifères. La richesse extraordinaire des champs-d'or, absorbant presque tout le labeur du pays, a, jusqu'à un certain point, empêché l'exploration des dépôts d'étain, d'antimoine, de minerai de fer et des gisements houilliers qu'on sait exister; mais maintenant que la fièvre de l'or a dépassé son apogée, l'attention des capitalistes est dirigée vers d'autres ressources minérales; et si elles n'occupent dans ce travail qu'un espace limité, et paraissent sans importance, il y a lieu de croire que d'ici à peu de temps elles seront largement développées, et fourniront de l'occupation à un grand nombre de personnes.

De l'Or.

Des schistes et des roches de grès, qu'on suppose équivalents aux rochers Siluriens d'Europe, occupent une étendue d'environ 25,000 miles carrés (16,000,000 d'acres), et ils sont presque partout entrecoupés de veines de quartz plus ou moins épaisses. L'étendue totale de la Colonie est de 55,571,840 acres, et si nous ajoutons à l'évaluation ci-dessus une faible proportion de l'étendue du pays au Sud de la rivière Murray, et au centre de la terre de Gipps, où les roches de schistes sont connues comme recouvertes de mines tertiaires et d'alluvion, nous pouvons estimer l'aire probable des rochers comportant le quartz à un tiers de l'étendue totale de la Colonie.

Dans les grands centres de l'exploitation des mines, l'apparence physique du pays varie tellement qu'il serait difficile, dans une courte description, d'en noter les principaux caractères. Là où les schistes et les roches de grès sont prédominents, et ne sont pas couverts par des formations de formes plus récentes, comme à Castlemaine et à Sandhurst, ils présentent un système de récifs profonds et étroits, presque à angles droits avec des chaînes de montagnes plus élevées et encore plus accidentées, ils ne sont recouverts que de peu de terre, si ce n'est dans les vallées. Dans beaucoup d'endroits des grès très inclinés et endurcis, qui ont resisté a l'action du temps, peuvent être suivis jusqu'au haut de ces montagnes qui, lorsqu'elles sont dépourvues d'arbres, forment un caractère tout particulier dans le paysage. Les cours d'eau coulent presque dans la même direction, et sont tributaires de ruisseaux principaux, qui, en conséquence de la pente rapide du pays, arrivent vite à un niveau profond, et ont souvent une course tortueuse au travers d'immenses vallées. Ces ruisseaux sont presque desséchés pendant l'été, mais pendant l'hiver, après des pluies abondantes, ils déchargent une grande quantité d'eau. Aux sources de rivières à l'Ouest de la terre de Gipps, et aux sources de la rivière Goulbourn, au Nord du point de partage, les montagnes sont élevées et très escarpées ; tout à fait impraticables aux voitures de quelque sorte qu'elles soient. Aucun dépôt alluvien ni diluvien ne se présente nulle part, et même pendant les saisons de sécheresse, les lits des ruisseaux déchargent encore une quantité d'eau considérable. Dans quelques districts aurifères, tels que Ballaarat, Daylesford et sur les bords de la rivière Loddon, des roches basaltiques ont dépassé les tertiaires, et l'aspect physique du pays est entièrement changé. Des cratères et cônes de volcans éteints, bien définis, apparaissent dans le voisinage de ces débordements, et de grandes étendues parfaitement unies se présentent. Les cours d'eau ont été le réceptacle de la plus grande partie du basalte, et l'action subséquente de l'eau les a encore excavés ; de sorte que d'un côté on voit l'escarpement du basalte, et de l'autre les montagnes escarpées de schiste. C'est généralement entre ces deux formations, et non pas au travers du schiste, que l'eau s'est formé de nouveaux débouchés.

Les roches aurifères, dans toute leur étendue, ont été considérablement dépouillées, et d'immenses masses de granit et d'autres roches plutoniques sont exposées dans les régions supérieures.

Autant que l'observation s'est étendue, il paraîtrait que les veines de quartz ont rarement pénétré au travers du granit, et il y a tout lieu de croire que l'or trouvé dans l'alluvion a été dérivé exclusivement des veines entrecoupant les schistes et les grès. Un léger examen des dépôts alluviens d'une région aurifère présente à l'esprit, d'une manière frappante, une idée de l'immense dégradation à laquelle les rochers plus anciens ont été sujets—non pas, comme on pourrait le supposer, par la profondeur et l'étendue de récentes formations, car la plus grande portion des argiles et des sables résultant de cette action ont été lavés ; mais l'attention de l'observateur est fixée sur la nature du sol qui, en certaines places, pour une profondeur de vingt à trente pieds, est mêlé de particules d'or. Ce fait et un examen de la nature des veines de quartz aurifères, tendent a prouver que d'immenses masses verticales de schistes et de grès doivent avoir été usées et lavées, dans l'espace des temps, pour permettre l'accumulation d'aussi grandes quantités d'or, en particules si minimes, dans les vallées et cours d'eau. Et si d'autres preuves géologiques étaient nécessaires, cette accumulation d'or, en elle-même, serait conclusive quant à l'action de dénudation de rochers de plus ancienne formation.

Longtemps avant que la découverte de l'or ne fut annoncée publiquement dans la Colonie de Victoria, des fragments de ce métal avaient été trouvés par des bergers et autres personnes ; et de nombreuses anecdotes sont racontées, par des personnes dignes de foi et établies dans le pays depuis longues années, ayant rapport à ces découvertes. Il paraît qu'en Mars, 1850, de l'or fut trouvé à Clunes ; il en fut découvert le 10 Juin, 1851, près de la Rive Brulée, dans un des tributaires de la rivière Loddon ; le 20 Juillet au Mont Alexandre ; le 8 Août à Buninyong ; et le 8 Septembre de la même année à Ballaarat. Les réclamations contradictoires de ceux qui firent ces découvertes, rendent très difficile d'en fixer les dates d'une manière positive ; mais il est certain que de l'or a été trouvé et reconnu comme tel longtemps avant que l'attention publique ne fut dirigée vers le fait de son existence probable dans la Colonie de Victoria. Il y a lieu de croire que le rapport de personnes établies dans Victoria, qui visitèrent l'Europe dans les premiers jours de la Colonie, ne laissèrent aucun doute dans l'esprit des savants que Victoria était une contrée aurifère. Des privilèges pour miner furent accordés, pour la première fois, le 1er Septembre, 1851, et les produits immenses qui en furent recueillis firent que la plupart des colonistes abandonnèrent leurs occupations ordinaires pour le travail excitant de chercheurs d'or. En 1851 la population totale d'hommes dans la Colonie était seulement de 42,202, et l'abandon de leurs travaux usuels, par près de la moitié d'entre eux, produisit un changement dans la condition sociale du pays qu'un témoin oculaire dépeint comme la révolution la plus extraordinaire qui soit jamais arrivée au monde. Les avocats abandonnèrent les cours, les négociants leurs comptoirs, les commis leurs bureaux, et les artisans et hommes de peine laissèrent les maisons à moitié bâties et les fondations à peine creusées; des ecclésiastiques même furent entrainés à cette scène excitante, et ils ne s'en tinrent pas toujours aux travaux de leur vocation. Le prix des travaux augmenta d'une manière fabuleuse, les provisions de toute sorte atteignirent des prix exorbitants. Les propriétés à Melbourne tombèrent à rien, et ce ne fut qu'après la grande et soudaine immigration d'Europe et des Colonies avoisinantes que la société revint, jusqu'à un certain point, à son état normal.

Peu de renseigments peuvent être obtenus en ce qui concerne le nombre exact de *mineurs d'or véritablement employés à ces travaux* pendant la période qui s'étend de 1851 à 1858. Dans les tableaux suivants j'ai marqué, pour ces années, les évaluations des Commissaires des Mines du nombre total de personnes résidant sur les champs-d'or. Ces chiffres et leurs déductions doivent être néanmoins reçus avec caution. Les mines à cette époque étaient dans un état de grande surexcitation. Le nombre est peut-être au-dessous de la vérité (ce qui est très probable), mais il peut être aussi exagéré: ce sont néanmoins les seuls comptes-rendus approximatifs que nous ayons de la population des mines pendant cette période, et comme tels ils ont une certaine valeur. En divisant le produit total de l'or par le nombre de ces personnes (en supposant qu'elles aient toutes été occupées à son extraction), nous trouvons qu'en 1851 la moyenne de l'année par homme était au taux de £120; en 1852 elle était £233; en 1853 £189; en 1855 elle tomba à £100; remonta à £104 en 1856, et depuis cette époque elle a graduellement diminué jusqu'en 1860, où la moyenne était au taux de £59.* Ce court compte-rendu historique des fruits du travail des mineurs serait tout à la fois d'un grand intérêt et d'une grande

---

* Divisé par le nombre total des mineurs, le produit serait pour 1859 £72 par homme et par année; pour 1860, £79; et pour les premiers six mois de 1861 au taux de £69.

valeur, si on pouvait s'en rapporter complètement aux évaluations de la population et de l'or recueilli pendant les dernières années, et si la condition des mines d'or était restée la même Tel n'est pas le cas cependant. Il n'y a pas de doute que beaucoup de personnes sont inscrites comme mineurs qui n'emploient pas, en moyenne, plus de deux heures par jour aux travaux des mines; et aussi, grâce au grand changement social et à l'établissement d'une force de police admirable, rendant toutes les routes parfaitement sûres, en tout temps, pour les voyageurs, des millions d'onces d'or sont transportées et quittent la Colonie sans qu'il en soit rendu aucun compte. Conséquemment la moyenne de £59 par personne pour l'année est probablement de beaucoup au-dessous du gain réel. En ce qui a rapport à la condition de la population des mines seules, il y a eu un grand changement. En 1851, 1852 et 1853 les grands centres de l'industrie des mines étaient couverts de tentes de toile. Quelques baraques faites de l'écorce de l'arbre Eucalyptus étaient rencontrées çà et là, mais la masse de la population était abritée par du calicot et de la toile. Les employés du Gouvernement vivaient sous des tentes, et les banques conduisaient leur commerce dans de petites maisons de toile dans lesquelles les directeurs actuels voudraient à peine voir leurs chevaux. Maintenant nous voyons de grandes villes sur les sites de ces anciens camps. De magnifiques et solides bâtiments de pierre et de brique ont remplacé les tentes de calicot, et des miles de rues sont pavés et macadamisés. De magnifiques bâtiments publics ont été érigés pour les usages religieux, de commerce ou d'amusements, et le soir on peut voir, éclairés au gaz, des marchés actifs, où il y a quelques années seulement le même terrain était en la possession des mineurs. Ce changement est en lui-même extraordinaire, mais il comprend d'autres questions auxquelles ne font pas suffisamment attention ceux qui parlent de la diminution de la récolte de l'or dans nos mines. Au commencement de l'exploitation presque tout le monde était mineur. Le boutiquier minait; le maître d'hôtel travaillait aussi, au moins une partie de la journée; et le mineur lui-même travaillait dur et énergiquement du lever au coucher du Soleil. Il était obligé de le faire, car s'il cessait de miner, il cessait de gagner son pain quotidien. Maintenant une grande proportion de la population des mines est occupée à pourvoir aux besoins des mineurs. Le même état de surexcitation n'existe plus, et il n'y a plus cette persévérance continue et cette activité sans relâche par lesquelles la population des mines au commencement de l'exploitation se faisait remarquer. S'il ne réussit pas à la recherche de l'or, le mineur s'occupe d'autre chose, et une foule d'emplois divers se présentent. Dans le voisinage de chaque champ-d'or d'immenses étendues de pays sont encloses et cultivées, et ainsi l'agriculture, l'horticulture et le commerce absorbent sans cesse une partie du travail qui, il y a quelque temps, était exclusivement appliqué à la recherche de l'or. Une comparaison des tableaux des machines dont se servaient les mineurs pendant les diverses années depuis le commencement de l'exploitation des mines ne montre qu'imparfaitement le changement qui est survenu aux mines d'or. Si le fait qu'en 1856 la valeur de toutes les machines était au-dessous de £200,000, et qu'elle est maintenant de £1,235,277, parle de progrès, combien davantage les améliorations réelles de ces larges villes témoignent-elles de notre avancement rapide. Quand il y a quelque temps seulement toutes les bâtisses d'une ville pouvaient être évaluées en centaines de livres sterling, il faut maintenant les calculer en millions; car des millions ont été dépensés à construire des maisons et des magasins; à former des rues, à faire des routes et à d'autres améliorations, tant à Ballaarat qu'à Castlemaine et à Sandhurst. En évaluant le produit de l'or par homme on ne doit pas oublier que des moyennes ne donnent, jusqu'à un certain point, qu'une idée imparfaite et incorrecte de la nature des travaux. Beaucoup de mineurs reçoivent un profit considérable pour leurs travaux, et d'autres de si pauvres rémunérations que pendant la plus grande partie de l'année ils sont forcés de s'occuper d'autres travaux; et cependant ils sont encore portés dans les comptes-rendus comme mineurs. Si nous pouvions classer ceux qui font des fortunes, ceux qui font des profits considérables et ceux qui ne trouvent dans le travail des mines que leur simple subsistance, le résultat en serait intéressant. Si ce n'était dans l'éspoir de trouver un jour quelque riche dépôt du précieux métal, il n'y a pas de doute que beaucoup de ceux qui sont occupés à sa recherche abandonneraient le travail des mines.

Le système du travail des roches aurifères, pour en extraire l'or, est généralement déterminé par la manière dans laquelle le métal se présente. Des dépôts de quartz variant de quelques pouces à cinquante pieds de largeur sont trouvés entrecoupant les ardoises et les grès, et ils sont, dans certains districts, d'une grande richesse.

La direction des veines de quartz est généralement à quelques dégrés Est ou Ouest du Nord, et l'inclinaison varie de 15 à 90 dégrés. Les veines de quartz suivent de très près la direction des roches primaires ; et à Rushworth et Waranga, où leur direction est quelques dégrés Nord ou Sud de l'Est, les veines inclinent à l'Est ou à l'Ouest. Ces roches primitives, avec les veines minérales qu'elles contiennent, ont, comme il a déja été remarqué, été sujettes à une grande dénudation. Une considérable hauteur verticale a été réduite par l'espace des temps, et a été déposée en lits de différentes épaisseurs dans les vallées adjacentes. Des changements modernes, qui ont lieu chaque jour, et qui sont dus à l'action de l'atmosphère, tendent continuellement à former des dépôts de terres et sables aurifères dans les lits des ravins et cours d'eaux ; mais ils ne sont pas suffisants pour expliquer l'action extraordinaire qui a excavé de profonds sillons dans les roches primitives, et en quelques endroits presqu'entièrement enlevé et déposé ailleurs des tertiaires aurifères. Dans les ravins et les criques, où les récentes accumulations de sables, graviers et terres se présentent, l'or est trouvé dans les crevasses et cavités des surfaces de rocs d'ardoise, et est disseminé au travers de toute l'étendue en poudre, petits grains et lingots.

Naturellement, d'après cet état de choses, nous avons des dépôts d'or à diverses profondeurs et de différents âges ; et peut-être suffira-t-il, pour remplir le but de ce court et nécessairement imparfait compte-rendu des opérations des mines, d'en faire les divisions suivantes :—

1°. *Travail à la surface.*—Le lavage des couches minces de terre reposant sur le haut et les côtés des montagnes, dans le voisinage immédiat des veines de quartz aurifères.

2°. *Travail à peu de profondeur.*—Pour obtenir de la matière à laver de la surface de vieilles ardoises et grès, en creusant des puits peu profonds ou d'autres excavations dans les vallées et ravins.

3°. *Travail d'écluses.*—Le lavage de terres aurifères au moyen de cours d'eau dans les ravins ou les vallées où des dépôts peu profonds de sable et de gravier se présentent.

4°. *Travail à une grande profondeur.*—Pour obtenir les terres aurifères en pénétrant les tertiares.

5°. *Travail de souterrains.*—Pour obtenir les terres aurifères des dépôts profonds au moyen de galeries d'écoulement.

6°. *Travail de broyage de quartz.*—Pour obtenir l'or de veines entrecoupant les roches primitives.

Travail à la surface et de peu de profondeur.—Dans les premiers temps de la recherche de l'or, le mineur se contentait de laver la terre qu'il trouvait aux côtés et au haut des montagnes, entrecoupées de veines aurifères de quartz, et de creuser des puits peu profonds dans les argiles et graviers qu'il rencontrait dans les lits et les petits ravins des criques. La manière d'extraire l'or était presque la même dans chaque cas. Si en travaillant à la surface, la terre était légère et sablonneuse on la passait au travers d'un berceau ou tamis.* Le berceau est continuellement balancé par le mineur, qui en même temps verse de l'eau sur la terre de manière à la laver. Une quantité considérable de cette matière aurifère pouvait ainsi être passée au travers de cette machine, dans un jour, par un homme industrieux ; et quand la terre était riche son gain était considérable. A la fin de son travail, ou aussi souvent que sa curiosité le conduisait à rechercher la valeur de la terre qu'il lavait, il enlevait avec soin le sable, l'argile et l'or du fond du berceau, et il les relavait, dans un plat de fer-blanc, à la mare d'eau la plus voisine. Si la matière était mélangée de terre glaise il devenait nécessaire de la puddler, et cette opération était faite dans un grande cuve. La terre aurifère était jetée dans la cuve, mêlée à une quantité d'eau suffisante, et elle était continuellement remuée avec une pelle jusqu'à ce que la terre glaise devint souple et mélangée avec l'eau qui de temps en temps était répandue et remplacée par de la fraîche. Cette opération continuait jusqu'à ce que le sable et le gravier, étant suffisamment débarrassés de la terre glaise, devenaient bons pour le berceau. Le sable et le gravier que le mineur travaillait par ce principe contenait encore de l'or lorsqu'il l'abandonnait, et beaucoup de ce rebut a été relavé depuis, d'une manière profitable.

Les petits puits creusés dans les vallées et les criques étaient conduits jusqu'aux roches d'ardoises, où la plus grande partie de l'or était logée, et de petites rigoles étaient faites dans toutes les directions au fond de ces puits. Ils n'étaient pas généralement suffisamment étayés, et aussitôt que les travaux étaient abandonnés la terre fonçait. Les espaces alloués aux mineurs étaient, dans les

---

* Une petite boîte, abritée comme un berceau, ayant à la partie supérieure une feuille de fer perforé, et au bas de laquelle se trouvent plusieurs planches en saillie. La terre aurifère est placée d'abord sur la feuille perforée, ce qui empêche les plus gros morceaux de quartz de tomber sur les saillies du dessous.

premiers temps, très restreints, généralement environ 16 pieds par 8 pieds pour chaque homme.

Ce genre de travail est encore suivi, d'une manière étendue, dans toutes les mines, et le manque de moyens au pouvoir des mineurs pour extraire l'or est évident par le fait que dans les principales mines l'alluvion est travaillé et retravaillé de temps en temps. A peine y a-t-il une seule des anciennes vallées abandonnées, et avec une quantité d'eau suffisante, presque tout ce terrain déjà travaillé donnerait encore du profit à ceux qui le laveraient de nouveau. Dans les mines d'or plus anciennement établies, des machines à puddler, conduites soit par des chevaux soit par la vapeur, sont maintenant en usage pour extraire l'or avec plus d'avantage de dépôts alluviens peu profonds.

Travail d'écluses.—Dans la partie Est du district des Ovens, dans la terre de Gipps et dans d'autres parties de la Colonie, les plats et ravins sont peu profonds, et l'or est obtenu de la terre au moyen d'écluses. L'eau est conduite à de grandes distances, au moyen d'encaissements de bois, jusqu'à l'endroit où la terre aurifère se présente. En formant les écluses, dans les travaux de terre, une excavation peu profonde est faite dans l'alluvion jusqu'au lit du rocher, et le conduit d'eau dirigé ainsi aide tout à la fois aux travaux d'excavation et aussi au lavage du sol, laissant l'or dans les trous et les crevasses de la roche. De temps en temps elles sont déblayées, et l'or est débarrassé de la terre glaise et de l'argile qui l'entourent en le lavant dans un plat. Les écluses de bois sont faites de la manière suivante :—Des encaissements étroits de bois scié, inclinés à angles bas, de vingt à quarante pieds de longueur, correspondant les uns aux autres, sont fixés sur des rebords qui agissent comme des poutrelles, et dans ces boîtes la terre aurifère est jetée. Le cours d'eau passant au travers de ces encaissements est mêlé à la terre par un ouvrier qui râcle le récipient avec une fourche de fer, et la terre se trouve ainsi lavée, laissant l'or dans les plans inclinés formés par les arrêts ou poutrelles. Une feuille de fer perforée au haut du récipient supérieur, sépare le gravier grossier de la terre qui se trouve lavée dans le récipient inférieur. A la fin de la journée de travail, on lève les poutrelles de bois, et tout l'or et le sable fin sont recueillis dans un baquet, après quoi le métal précieux est lavé dans un plat de fer-blanc. £7, £10 et £20 par semaine sont gagnés par le mineur industrieux par cette méthode, quand la terre est riche et l'eau abondante. Plusieurs de ces encaissements sont longs de plusieurs miles, et dans le district des Ovens un capital important est placé dans des travaux de conduite d'eau.

Monsieur Kennan, inspecteur de mines, en parlant d'une compagnie de mineurs aux plaines Hurdle, dans une des divisions du district des Ovens, s'exprime ainsi :—

" Leur terrain a seize pieds six pouces de profondeur, l'encaissement est fait dans le roc, et conséquemment la facilité qu'ils ont pour laver la matière aurifère est si grande, qu'ils m'ont dit eux-mêmes que la faible et presque incroyable quantité de 4 grs., d'une valeur de 6d. (60 centimes), par charretée les paierait d'une manière satisfaisante. Ils sont quatre associés, et en moyenne ils lavent une tonne de cette matière aurifère par chaque cinq minutes."

Dans un autre district des mines, à un endroit sur la rivière Loddon, les mineurs enlèvent une couche de onze pieds de terre noire, et trouvent alors huit pieds de graviers et cailloux, dont le tout est lavé au moyen de ces eaux d'écluses. Un homme peut laver huit charretées de terre par jour, et la moyenne est d'une demie once à une once et demie par charretée. Ils gagnèrent en moyenne £16 chacun par semaine pendant quelque temps.

A Creswick, dans le district des mines de Castlemaine, Monsieur l'Inspecteur des Mines rapporte qu'à une colline " le terrain était aurifère de la surface à une profondeur de trente pieds. La manière qu'on adoptât pour le travailler fut de former une face sur la terre, et d'amener l'eau sur sa base ; de la sorte l'eau aidait à détacher la terre, et souvent des blocs de vingt à cinquante tonnes étaient ainsi abattus. * * * La terre était pauvre, produisant moins de huit grains à la yard cube, * * * cependant, malgré cela, le résultat fut d'environ 11s. par homme par jour."

Foncements profonds.—Des puits comparativement profonds sont creusés partout où des dépôts aurifères d'ancienne date se présentent, et où on rencontre des conduits ou filons d'or. Un filon d'or est une dépression de la surface dépouillée des roches de schistes, dont le cours, étant couvert et caché par les dépôts tertiaires ou diluvien, n'est pas apparent à la surface du sol. Plusieurs personnes croient que si, là où ces conduits ou filons se présentent, le basalte et les rocs tertiaires qui les recouvrent étaient entièrement déplacés de la surface des rocs primitifs, cette surface présenterait un système de cours d'eau tout à fait semblable en caractère à ceux qu'on voit généralement aux sources des rivières. D'autres personnes supposent que l'ancienne surface ressemblerait plutôt à ce qui serait formé par l'action d'une mer peu profonde ou d'une embouchure de fleuve. Il est certain, cependant, qu'à Ballaarat ces filons, autant qu'ils ont été explorés, ne sont pas dissemblables à des cours d'eau ordinaires. Les puits varient en profondeur de 50 à 500 pieds, et une mine bien conduite présente une apparence tout à fait semblable à celle d'une mine de houille en Angleterre. Les côtés du puits sont garnis et soutenus par des planches de 8 pouces de largeur et $2\frac{1}{2}$ pouces d'épaisseur, et il y a deux compartiments à coulisse sur lesquels roulent les cages. Ces puits sont souvent creusés en spéculation, sans aucune connaissance de la direction actuelle du filon, et il arrive souvent que les galeries sont conduites pendant douze ou quinze cents pieds avant d'arriver au filon. Quand le puits atteint le schiste, le mineur n'est guidé dans ses recherches que par la tendance de la surface, et souvent un grand délai et de grandes dépenses sont nécessaires avant de rencontrer le gravier aurifère. L'exploitation de ces filons profonds est souvent interrompue par l'affluence de l'eau, et une grande proportion relative des machines à vapeur sur les mines d'or est employée à pomper l'eau de ces puits. Il y a en tout 311 machines à vapeur, d'une force totale de 4,398 chevaux, employées à extraire l'or de l'alluvion—c'est-à-dire, à pomper, puddler, et laver. L'exploitation de l'alluvion à Ballaarat seul emploie 207 machines à vapeur, d'une force totale de 3,095 chevaux.

Plusieurs rapports importants ont été reçus des inspecteurs des mines concernant l'exploitation de ces filons; à cause du peu d'étendue de terrain alloué dans les premiers temps, ce qui forçait les mineurs à creuser un grand nombre de puits inutiles, les produits de l'or n'ont pas toujours payé le mineur, mais l'extrême richesse des dépôts est tout à fait incontestable. Le temps qu'il faut pour creuser un de ces puits varie de deux à cinq années, et pendant tout ce temps le mineur ne peut dépendre pour sa subsistance que de ses propres ressources. C'est seulement après être arrivé au filon qu'il récolte le prix de ses labeurs. Dans un rapport fait par Monsieur l'Inspecteur des Mines Davidson, de Ballaarat, il paraît que dans sa division, dans laquelle se trouvent les filons célèbres nommés le Point d'Or, Inkerman, Redan et Nightingale, la moyenne du produit de l'or est de 10 dwts. à 2½ oz. par yard cube, et la matière aurifère propre au lavage varie en épaisseur de un à douze pieds. Ce fait seul est suffisant pour illustrer la valeur de ces dépôts. Comme une autre illustration, cependant, des résultats qu'on peut obtenir par une administration judicieuse, j'extrais le passage suivant d'un rapport fait par Monsieur l'Inspecteur des Mines Pringle, de Ballaarat, ayant rapport à l'exploitation des mines de la Compagnie de la Tour Ronde et de la Jaquette Rouge, de Ballaarat; il s'exprime ainsi : " Quand ces compagnies commencèrent leurs travaux elles furent enregistrées chacune pour un filon différent; des puits furent creusés à une profondeur d'environ 400 pieds, passant au travers de trois couches distinctes de basalte ; ce qui occupa une période de quatre années. Des galeries furent ensuite construites pour découvrir la position de la terre ou matière aurifère, et après avoir fait, dans un cas, une galerie de 185 pieds, et dans l'autre une galerie de 440 pieds, elles arrivèrent toutes deux au même filon. Une dispute s'éleva bientôt pour savoir à qui ce filon appartiendrait, et un appel à la Cour des Mines eut pour résultat de les rendre co-propriétaires. Le filon fut exploité d'après l'ordre de la Cour des Mines, et on obtint le résultat suivant :—

	£	s.	d.
Gages payés aux actionnaires mineurs, à £2 2s. par homme par semaine, suivant le décret du 11 Juin, 1860	2,411	11	6
Frais généraux, y-compris la détérioration des machines et les appointements du directeur ...	1,728	17	10
Gages payés aux actionnaires mineurs, à £2 8s. par homme par semaine, suivant le décret du 12 Octobre, 1860	3,969	12	0
Frais généraux, y-compris les appointements du directeur	2,325	5	4
Intérêt pour l'usage du matériel et machines, à 10 pour cent. sur £10,000 pendant dix-huit semaines	346	1	0
	£10,781	8	3
Or obtenu, 8,143 oz. 13 dwts. 23 grs.	£31,971	13	4
Payé en dividendes	£21,195	5	1

En ce qui a rapport à l'exploitation de la Compagnie "Waterloo," au filon du Point d'Or à Ballaarat, l'inspecteur des mines relate que la quantité d'or obtenu était 6,750 oz., qui, à £4 par once, représenterait une valeur de £27,000, et que les frais généraux pour conduire ces travaux se montèrent à £5,824. La compagnie fut occupée deux années et un mois à l'exploitation de cette mine.

La matière aurifère est généralement composée de quartz, gravier, sable et argile, et l'or se présente en grains, petites écailles et quelquefois en lingots usés par l'eau, et qui pèsent quelquefois jusqu'à 500 oz. La manière d'extraire l'or de la matière aurifère est fort simple et les instruments peu dispendieux. La machine à puddler consiste en une boîte de bois formant la circonférence d'un cercle, dans lequel deux herses sont placées de manière à être mises en mouvement par un cheval, faisant manége, ou quelque machine à vapeur occupée à creuser un puits. On fait couler une quantité d'eau suffisante dans le récipient, et l'or est lavé lentement. La boîte est vidée de temps en temps, et le sable fin qui en sort est passé au travers d'un berceau ou tamis. En dernier lieu, l'or est lavé d'une manière définitive dans un plat de fer-blanc. Dans quelques districts, comme à Sandhurst et autres lieux où la matière aurifère est composée de cailloux de quartz usés par l'eau et joints ensemble par des ciments argileux et siliceux et de l'oxide de fer, elle est broyée sous des bocards, et l'or en est extrait par l'amalgamation avec le mercure, par le même procédé qu'on emploie pour extraire l'or du quartz obtenu des veines aurifères. Les résultats dont les inspecteurs des mines font mention dans leurs rapports prouvent que ce système est rémunératif.

Des filons sont trouvés à Ballaarat, Smythesdale, Creswick, Raglan, Ararat, Sandhurst, Indigo, près de Beechworth, à Maryborough, etc., etc. Ils sont travaillés, en général, seulement par des mineurs expérimentés, qui sont bien au fait des opérations de mines, des manières de garnir les puits de bois, de former les galeries, etc. La dépense de creuser un puits diffère naturellement selon la nature de la couche qu'on a à traverser et la quantité d'eau que l'on rencontre. A Ballaarat, où le diluvion est couvert d'une couche épaisse de basalte, les dépenses de foncement sont souvent considérables. Il est difficile d'établir une moyenne, mais peut-être 30 ou 40 schellings par pied vertical pour un puits mesurant cinq pieds par trois pieds serait une approximation. On peut

G

se faire une idée de la nature des travaux en examinant les sections suivantes :—

Filon d'or du Cheval Blanc à Ballaarat.

	Pieds.
Terre de surface	2
Basalte, glaise et terre ...	10
Basalte...	54
Glaise	37
Basalte...	79
Glaise	46
Basalte...	45
Glaise noire	12
Glaise brune	16
Gravier	7
Matière aurifère	11
	319

Filon d'Inkerman, à Ballaarat

	Pieds.
Terre de surface	4
Basalte	85
Glaise bleue	4
Amas de diverses matières...	4
Glaise rouge et sablonneuse et eau	36
Roche d'ardoise *	77
Matière aurifère	6
	216

Point d'Or, Ballaarat. Compagnie du Kooh-i-noor.

	Pieds.
Basalte...	111
Glaise brune	10
Glaise grise	15
Basalte...	70
Glaise brune	11
Roche de schiste *	154
	371

Indigo, Filon Principal. District de Beechworth.

	Pieds.
Glaise rouge et blanche ...	30
Gravier	30
Glaise rouge et brune ...	40
Sable rouge	20
Glaise rouge mêlée de gravier	5
Gravier	4
Matière aurifère	$0\frac{1}{2}$
	$129\frac{1}{2}$

Il est impossible, dans une aussi courte relation que celle-ci, de pouvoir donner un compte exact des différentes couches trouvées dans les mines. A Ballaarat et à Yandoit, dans le district de Castlemaine, on rencontre des dépôts très intéressants de charbon végétal, aussi que d'os fossiles appartenant aux Masurpiaux.

Formation de tunnels.—Lorsque les couches dans lesquelles d'anciens filons se présentent ont été très denudées, et lorsque les cours d'eau existant sont à un niveau au-dessous de celui des gouttières, il faut faire des galeries souvent de 1,700 et 1,800 pieds, et les travaux sont faits exactement comme si le filon avait été pénétré au moyen d'un puits. A Daylesford une grande partie du terrain est ainsi travaillé au moyen de ces galeries, et l'inspecteur des mines (Monsieur Ambroise Johnson) remarque que lorsqu'un filon ancien a été entrecoupé par un cours d'eau de formation récente, la nouvelle matière de déblais résultant du

---

* Roche primitive—creusée au travers de façon à former le niveau de la gouttière.

défoncement de matières aurifères est partout riche en or, exactement comme lorsqu'un cours d'eau amène le quartz *detritus* d'une veine de quartz aurifère.

Lingots dans l'alluvion.—Il a été très difficile d'obtenir des renseignements exact au sujet des lingots importants qui ont, de temps en temps, été trouvés aux mines dans les dépôts d'alluvion. Un lingot fut trouvé à Fryer's Creek pesant environ 1,000 oz.; un autre, tout à fait semblable quant à la forme à un gigot de mouton, pesant de 700 à 800 oz., fut découvert dans une des mines. Le lingot "Sarah Sands" pesait 2,700 ou 2,800 oz.; le "Welcome" (Bienvenu) pesait environ 2,680 oz.

Le compte-rendu suivant, que Messieurs William Clarke et Fils, marchands d'or, ont bien voulu préparer, donne les poids des lingots les plus importants qui ont passé par leurs mains jusqu'à cette époque :—

1855. 10 Novembre.—De Daisy Hill ; pesant 525 oz., contenant environ 70 oz. de quartz.

1856. 2 Février.—De Kingower ; pesant 335 oz. 10 dwt.

1856. 2 Février.—De Kingower ; pesant 270 oz.

1856. 5 Mai.—De Korong ; pesant 200 oz.

1856. 5 Mai.—De Korong ; pesant 253 oz. 12 dwt.

1856. Juin.—De Castlemaine ; pesant 154 oz. 9 dwt.

1856. 18 Décembre.—De Kingower ; pesant 380 oz. 19 dwt.

1856. 18 Décembre.—De Kingower ; pesant 323 oz.

1857. 29 Avril.—Acheté de J. S. Stevenson, de Moliagul ; poids avant la fonte, 800 oz. ; après, 723 oz. 2 dwt. ; essai, 23 carats 27-8.

1857. 18 Décembre.—De Kingower ; avant la fonte, 233 oz. ; après la fonte, 226 oz. 5 dwt.; essai, 22 carats 27-8.

1857. 28 Septembre.—De Palmer et McEvoy, de McIvor ; avant la fonte, 2,954 oz. ; après la fonte, 1,349 oz.; essai, 23 carats 27-8.

1858. 14 Janvier.—De Maryborough ; avant la fonte, 535 oz. 18 dwt. ; après la fonte, 464 oz. 11 dwt. ; essai, 23 carats 27-8.

1857. Décembre.—Acheté de Probyn, de Korong ; avant la fonte, 204 oz. 5 dwt. ; après la fonte, 191 oz. 6 dwt. ; essai, 23 carats 0⅝.

1857. Décembre.—De Dunolly ; avant la fonte, 318 oz. 12 dwt. ; après la fonte, 307 oz. 11 dwt. ; essai, 23 carats 0⅝.

1858. 24 Janvier.—De Maryborough ; avant la fonte, 535 oz. ; après la fonte, 464 oz. 11 dwt. ; essai, 23 carats 0⅞.

1858. 10 Novembre.—De Dunolly ; avant la fonte, 287 oz. 15 dwt. ; après la fonte, 279 oz. 13 dwt. ; essai, 23 carats.

Exploitation du quartz.—On a dit ailleurs que les mineurs, au commencement de l'exploitation des mines, dévouaient toute leur énergie à obtenir l'or de l'alluvion, et ce fut seulement après l'arrivée d'Europe de mineurs expérimentés que l'attention fut dirigée vers les veines de quartz. Ces veines furent d'abord découvertes, en nombreux endroits, à la crête des montagnes formant les conduits d'eau des ravins aurifères, et elles étaient également trouvées formant le lit des dépôts alluviens. De prime abord, les particules d'or renfermées dans les fragments de quartz furent regardées avec surprise, et on connaissait si peu les formes sous lesquelles l'or se présentait, que des morceaux de quartz contenant seulement quelques grains d'or, d'une valeur de quelques schellings, furent vendus pour £10 et £15.

Dans les premiers temps des mines d'or, les mineurs exploraient seulement la surface de la veine ou mine de quartz, où l'or était tout à fait apparent sans le secours de lentilles. Le quartz était brisé en fragments, puis broyé au moyen d'un marteau ; après quoi l'or était ou lavé ou amalgamé avec le mercure, et malgré cela, si riche était la matrice, qu'un grand nombre de mineurs gagnaient de £6 à £10 par semaine. Le rebut de cette poudre de quartz a depuis été passé au travers d'amalgamateurs avec un gain considérable, et quelques machines ont été érigées pour le seul objet d'extraire l'or par l'amalgamation du rebut laissé par les mineurs qui expérimentèrent sur les veines de quartz. Il fut vite découvert que de poursuivre le cours de ces veines de quartz serait une occupation avantageuse ; des puits dispendieux furent creusés à une profondeur considérable—et maintenant une grande proportion de l'or recueilli dans la Colonie—probablement un quart—est le produit de ces veines.

Des veines de quartz sont trouvées dans presque toutes les parties de la Colonie où les rochers de schiste paraissent à la surface, et les plans fournis par les inspecteurs des mines prouvent qu'elles courent généralement Nord et Sud, en close proximité, dans toutes les principales mines. Les veines varient en épaisseur d'un demi pouce à vingt et même cinquante pieds. Si nous recueillons les directions magnétiques de toutes les mines aurifères connues, nous trouvons que les veines au Nord et au Sud, à de rares exceptions près, sont limitées aux lignes d'oscillation de la déclinaison magnétique, et les veines à l'Est et à l'Ouest sont à angle droit de ces lignes ; c'est-à-dire, que les veines à l'Est et à l'Ouest, à peu d'exceptions près, sont limitées à 24 dégrés Nord de l'Ouest ou Sud de l'Est. La découverte d'or dans des rocs de grès à Castlemaine en 1860 causa une grande surprise. Des recherches prouvèrent que le grès était intersecté de veines nombreuses et très minces de quartz au travers desquelles l'or était distribué; et bien que dans quelques parties de la roche le quartz eut disparu (probablement par une lente désagrégation), il n'y avait rien dans cette circonstance qui pût porter à la supposition que de l'or était déposé dans ce grès, différemment que de la façon ordinaire.

Pour exploiter une veine de quartz un puits est creusé au sommet de la montagne où la veine est trouvée, ou bien la mine est pénétrée par une galerie d'écoulement, et comme l'inclinaison est généralement à un angle élevé, des excavations latérales sont faites du puits ou de la galerie d'écoulement à des niveaux différents d'où le roc aurifère est excavé. Le quartz est amené à la surface, brisé en morceau, et passé, au travers de tuyaux de décharge inclinés, aux bocards, qui resemblent à ceux en usage dans d'autres pays pour la préparation mécanique des minerais. Ils pèsent environ 7 cwt. chaque, et un bocard frappe environ soixante coups par minute. Une machine de la force de dix chevaux peut mettre en mouvement dix de ces bocards. Le quartz une fois broyé est conduit par l'eau dans des bouilloires de cuivre, où il est mis en contact avec le mercure. Une fois par semaine, ou plus souvent même, les bouilloires sont vidées et l'amalgame passé au retort. Le mineur éprouve un grand mécontentement par rapport aux moyens insuffisants dont on se sert à présent pour séparer l'or du quartz. Lorsque le quartz est mélangé de pyrites de fer et d'autres sulphites, l'amalgamation est incomplète, et on suppose que beaucoup d'or est perdu. Diverses expériences ont été faites et des brevets ont été pris pour des procédés d'amélioration, sans que beaucoup d'avantages aient été ressentis, jusqu'a présent, par les mineurs; car ceux d'entre eux qui sont expérimentés reconnaissent que les machines devraient être construites sur une plus large échelle, et que le procédé ordinaire serait satisfaisant, si au lieu de petites machines de la force de 20, 30 et 40 chevaux, ils pouvaient employer des machines de la force de 200, 300 et même 500 chevaux pour leurs opérations de broyage.

La manière d'extraire l'or du quartz diffère dans ses détails sous beaucoup de rapports. Monsieur G. W. Hart, l'inspecteur des mines de Sandhurst, dit: "Le bocard, dans presque toutes les machines, tombe de soixante à soixante-cinq fois par minute; le poids ordinaire d'un bocard est de 5 cwt. La proportion d'or qu'une livre pesant de mercure soulèvera dépend de la grosseur des particules d'or, c'est-à-dire, après que le mercure surabondant est pressé au travers d'un sac de peau de chamois : si l'or est aussi grossier que de gros grains de poudre à canon, une livre pesant de mercure s'amalgamera avec une livre pesant d'or, mais si l'or est plus fin il faudra plus de mercure ; de sorte que plus le grain de l'or est grossier, moins il faut de mercure. La quantité de mercure qu'on met à la fois dans une machine varie selon sa construction ; généralement il faut cent quatre-vingts livres de mercure pour charger les récipients d'une machine ou batterie de quatre bocards. Il est d'usage de vider ces récipients une fois par quinzaine, mais les lits qui se trouvent sous les bocards sont lavés, presque partout, une fois par semaine, parceque la matière broyée, particulièrement lorsqu'elle est en contact avec le mercure, devient si dure, étant constamment bocardée, qu'il est souvent nécessaire d'employer un pic pour la détacher."

Monsieur Thomas Lawrence Brown, inspecteur des mines, de beaucoup d'experience, dans le district de Castlemaine, donne la description générale suivante de la manière d'extraire l'or du quartz :—

"Pour extraire l'or de la roche dure de quartz, la matrice doit être réduite en poudre fine, et pour arriver à ce résultat l'ancien système de bocards de Cornouailles est employé d'une manière satisfaisante et économique. La meilleure forme de bocard est carrée ou rectangulaire, la meilleure fonte est le fer le plus dur, montés sur tiges de fer ouvré, et pesant chacun de 5 à 7 cwt. Quatre bocards sont placés ensemble sur des formes de bois dur, sur lesquelles sont fixés des guides en fer fondu, qui font monter et descendre les bocards de soixante à soixante-dix fois par minute dans des boîtes à bocard, également en fer fondu, pesant environ 13 cwt. et ayant des double fonds divisés en quatre parties, pour en faciliter le changement à mesure qu'ils s'usent. Ces boîtes de fer fondu sont fixées sur une fondation solide, les bocards sont soulevés par un cylindre de fer fondu fixé par des cames de fer ouvré, qui agissent au moyen de languettes enclavées sur les tiges des bocards. Les deux bocards du milieu sont levés d'abord et reçoivent le quartz au travers d'un petit orifice dans les passes, avec une quantité d'eau suffisante. Par la tombée rapide des bocards le quartz devient pulverisé, et il est lavé par l'eau au travers de fines grilles de fer ayant de quarante-cinq à soixante-dix trous au pouce carré (suivant la finesse de l'or) fixées dans la boîte à bocard, ou par des saillies au travers desquelles le minéral réduit en poudre est forcé. Des différents moyens, qui ont été brevetés, pour séparer l'or du quartz pulvérisé, la plane inclinée à bouilloire, la table mouvante et le moulin Chilien, chacun contenant le mercure, sont principalement en usage; l'objet de chacun étant de mettre l'or en contact avec le mercure, pour former une amalgamation. Ces procédés continuent leur action suivant la quantité et la richesse du quartz qu'ils ont à réduire, après quoi l'or est lavé par une quantité d'eau dirigée sur la table ou moulin, ce qui les débarrasse des quartz et parties plus légères d'autres minéraux, après quoi le résidu, l'amalgame et le vif argent sont lavés à la main dans un plat émaillé, jusqu'à ce que le mercure devienne libre de toute autre matière etrangère. Après avoir ainsi été lavé, on presse, à la main, le mercure au travers d'un sac de peau de chamois dans lequel demeure l'amalgame qui doit passer au retort. La quantité d'or dans l'amalgame dépend de la qualité de l'or; si c'est de l'or en gros grains l'amalgame perd seulement un tiers; si l'or est de grain moyen, l'amalgame ne produira que la moitié de son poids; et si l'or est très fin, l'amalgame ne produira qu'un tiers d'or pur. Le procédé de passer l'or au retort est fort simple. L'amalgame est placé dans un retort de fer fondu qui est joint et vissé avec soin; après quoi le retort est placé sur un feu ardent et le bout d'un tuyau y-attaché est placé dans un sceau d'eau; aussitôt que le retort est suffisamment échauffé le mercure se volatilise et passe dans l'eau, et l'or reste dans le retort en une solide masse, presque pur; il est alors fondu dans un creuset, purifié de toute scorie au moyen de carbonate de soude ou de borax, puis il est mis dans un moule, après quoi il est propre à la vente."

Un tableau que j'ai ajouté à ce travail montre les résultats obtenus par les mineurs de quartz, d'une grande quantité de rocs de quartz. Il a été fait avec soin, d'après les rapports des inspecteurs des mines, et il présente une évaluation raisonable de la valeur des mines aurifères. D'après cette table il parait que 86,594 tonnes 16 cwt. ont rapporté une moyenne de 18 dwt. 22 gr. d'or à la tonne. Dans le rapport du Conseil des Sciences pour l'année 1860, il est annoncé sur l'autorité de Monsieur l'Inspecteur des Mines Stevenson, que 39,034 tonnes de quartz obtenu dans la division de Creswick produisit 1 oz. 4 dwt. 8·41 gr. à la tonne. Ces résultats ont été obtenus par des moyens reconnus imparfaits, et aucunes des opérations n'ont été faites sur ce qu'on appellerait en Europe une large échelle. Peu de machines à vapeur sont d'une force excédant 90 chevaux, et le montant total de quartz qu'elles peuvent broyer est inconsidérable. Une machine, de la force de dix-huit chevaux, qui conduit seize bocards, chacun pesant environ 6 cwt. et frappant environ soixante coups par minute, broiera environ cent cinquante tonnes de quartz par semaine, et si nous prenons la moyenne des machines qui sont aux mines, en calculant que la force d'un cheval soit suffisante pour conduire un bocard, et que ce bocard broye neuf tonnes de quartz par semaine; si toutes les machines qui sont aux mines étaient constamment occupées, et si nous calculons que le produit d'une tonne de quartz est de 15 dwt., elles produiraient 49,713 oz. par semaine, c'est-à-dire, presque autant que le produit total de toutes les mines.

Quand la dépense du broyage était d'environ £4 par tonne, très peu de veines pouvaient être exploitées avec avantage. Maintenant le coût du broyage et de l'amalgamation est très réduit—généralement moins d'une livre sterling par tonne—et un produit moins important est plus avantageux maintenant qu'une récolte plus considérable lorsque le broyage du quartz était si dispendieux. Aussi peu même que 4 dwt. d'or par tonne rétribue le mineur dans certaines localités.

Plusieurs des mines de quartz sont d'une richesse extraordinaire. A Castlemaine l'inspecteur des mines a rendu compte de résultats aussi élevés que 266½ oz. à la tonne, et dans d'autres cas 110 oz. à la tonne. Au crique d'Anderson, peu distant de Melbourne, à la mine de la Misère, dans le district de Maryborough, et ailleurs, d'énormes quantités d'or ont été obtenues de quartz—non seulement à la surface, mais encore à de grandes profondeurs. Dans un puits à Whroo, de l'or fut trouvé pendant tout le foncement de 270 pieds; et dans beaucoup d'autres districts les veines continuent a être extrêmement rémunératives à des profondeurs variant de 100, 200, 300 et même 500 pieds, et il n'y a pas d'évidence d'aucun genre pour prouver qu'elles ne seraient pas aussi riches à 1,000 ou 2,000 pieds de la surface; mais naturellement la dépense d'extraire le quartz augmente considérablement avec la profondeur, de sorte que un puits peu profond, autres choses d'ailleurs étant égales, est de beaucoup préférable à un puits profond.

Une spéculation de mines de quartz nécessite un capital. Le foncement d'un puits est un travail très considérable. Un des inspecteurs des mines, écrivant d'une division peu étendue et relativement peu importante du district de Ballaarat, dit qu'une somme de £3,000 ou £5,000 est souvent dépensée pour le foncement d'un puits, et que le travail, les matériaux, etc., dépensés à foncer les puits dans sa division n'ont pas coûté moins d'une demi million sterling. Le mineur de quartz rencontre une foule de difficultés. D'après la manière dont les veines se présentent (ce qui a déjà été expliqué), elles recueillent une grande partie de l'eau qui tombe sur les montagnes, et dans presque tous les districts des machines à vapeur, fort dispendieuses, sont nécessaires pour extraire l'eau des mines. En recherchant les phénomènes des différentes mines de quartz, on trouve que le niveau d'eau (c'est-à-dire, le point auquel on arrive à l'eau) varie quelquefois d'une manière remarquable. Un puits peut être sec à une profondeur de cent pieds, et dans le puits voisin on ne peut travailler au-delà quatre-vingts pieds sans le secours des machines. Dans d'autres localités l'eau ne se présente qu'à une profondeur considérable. Malgré tous les décomptes et toutes les difficultés qu'on rencontre, le broyage du quartz est très rémunératif, et vu l'étendue de nos mines, et leur richesse excessive, il est certain que Victoria présente un champs pour le placement de capitaux dans de telles enterprises sans égal au monde entier. Le fait que nos mines de quartz emploient 18,339 mineurs, et que les machines dont on se sert sont égales à une force de 7,365 chevaux, démontre que notre population, si petite qu'elle soit, n'est pas indifférente à cette exploitation; mais le travail qu'ils font est si peu important, comparé à l'immense étendue sur laquelle on pourrait opérer, que des centaines d'années pourraient se passer, avec les moyens dont on se sert maintenant, sans qu'on pût même éprouver convenablement toutes les mines qui sont trouvées dans la Colonie.

Tables.—La Table No. 4 montre la condition actuelle des mines d'or. D'après quoi il parait qu'il y a 110,226 personnes employées directement aux travaux des mines d'or. De ce nombre 91,887 sont employés a l'exploitation de l'alluvion, et 18,339 à miner le quartz. Ils emploient 776 machines à vapeur, égales à une force de 11,713 chevaux; c'est-à-dire, pour l'exploitation de l'alluvion, 311 machines, égales à une force de 4,398 chevaux, et pour les mines de quartz, 465 machines, égales à une force de 7,365 chevaux.

Pour l'exploitation de l'alluvion, en sus de ces machines à vapeur, il y a 2,356 machines à puddler, 412 treuils et poulies,

221 whips, 41 pompes conduites par des chevaux, 191 écluses, 121 roues hydrauliques et 19 tuyaux hydrauliques.

Les mineurs de quartz ont aussi 62 machines de broyage, conduites autrement que par la vapeur (généralement par des chevaux), 192 treuils, 17 roues hydrauliques, 6 machines de Derrick et 15 whips.

La valeur approximative des machines pour l'exploitation des mines, dans la Colonie, est de £1,235,277, et l'étendue totale des portions de la Colonie actuellement exploitées comme mines est de 561¾ miles.

La valeur des machines par homme est de £11 4s. 1½d. Au 31 Décembre, 1860, la valeur approximative proportionnelle par chaque mineur était de £8 17s. 5½d. ; montrant donc une amélioration considérable dans le court espace d'un an et demi. Cette amélioration est expliquée, jusqu'à un certain point, dans la Table No. 5, qui montre l'effet produit par les règlements, ayant rapport aux tenures par bail, qui permettaient au capitaliste de prendre possession de grandes étendues de terrain pour un terme ne dépassant pas dix années. Le 31 Décembre, 1860, 2,742 acres 28 perches avaient été ainsi loués, sous la condition de dépenser un capital s'élevant en tout à £1,351,280, et quoique, jusqu'à présent, seulement une partie de cette somme ait été dépensée, elle a eu néanmoins une certain influence sur les moyennes générales. Ce système de locations contraste d'une manière frappante celui par lequel les mineurs exploitent les mines en vertu de leur " Privilége de Mineur." En divisant la valeur totale des machines érigées maintenant, par tous les mineurs (car les limites de ce travail ne permettent pas une analyse plus minutieuse), il paraît que ces derniers ont dépensé en machines £3 9s. 2½d. par acre, tandis que les premiers, c'est-à-dire, les capitalistes, ont garanti une dépense pour le même objet de £209 14s. 8d. par acre—et en machines, travail, instruments, supervision, etc., la somme énorme de £492 12s. 6¾d. par acre. On doit considérer que les mineurs, proprement dits, n'occupent pas tout le terrain aurifère exploité ; ils n'en occupent pas probablement plus de la douzième partie ; néanmoins la différence est très grande.

Si considérable que soit la somme que les locataires de ces mines se sont engagés à y placer, la spéculation n'est pas aussi extravagante qu'on pourrait le supposer. Les parties du pays, prises sous les règlements de tenure à bail, sont naturellement celles qui offrent les plus grandes attractions ; et si nous considérons quel serait le produit total de ces mines exploitées systém-atiquement ainsi qu'avec économie et efficacité ; si nous estimons l'étendue totale des terrains de la Colonie qui ont été épuisés par les travaux ordinaires des mineurs, à un quart de l'étendue totale des mines actuelles—un calcul loin de la vérite, car en réalité très peu de terrain est épuisé—nous trouvons qu'un espace de 145½ miles carrés, ou 89,920 acres, ont produit la somme énorme de £92,787,236 sterling, ou une moyenne de £1,031 17s. 9d. par acre.

Direction des Mines.—Toutes les mines de la Colonie sont sous le controle et la direction d'un département des mines, dont le chef a un siège à l'Assemblée Législative et un dans le Cabinet. D'après l'Acte du Parlement 21 Victoria No. 32, des directeurs sont nommés, dont les fonctions sont de juger toute dispute con-cernant les mines, il y a aussi des Cours supérieures appelées Cours des Mines, présidées par un juge, et où les appels sont entendus et jugés. D'après le même Acte six Conseils des Mines sont créés, consistant chacun de dix membres élus par les mineurs, et par ceux-ci sont faits les règlements déterminant la quantité et la forme de terrain qui peut être occupé par chaque mineur, les circonstances dans lesquelles les mineurs perdent leurs priviléges ; et aussi pour l'assèchement des mines, etc., etc., etc.

Une clause dans le même Acte donne pouvoir au Gouverneur de louer, par ordonnance, des terrains pour l'exploitation des mines, et des règlements les concernant sont maintenant en force dans tous les districts de la Colonie.

Les travaux de géomètres et dresseurs de plans des mines sont exécutés par des inspecteurs de mines nommés par ordonnance de son Excellence le Gouverneur. Ces inspecteurs font un rapport mensuel, au Gouvernement, sur toutes matières ayant rapport aux mines dans leurs divisions respectives ; ils dressent les plans ; recueillent les statistiques, montrant le nombre de mineurs en activité, le nombre, le genre et la force de machines en usage, et donnent l'aide de l'expérience de leur profession, lorsqu'il en est besoin, aux Juges des Cours des Mines, aux Directeurs des Mines, et aux Conseils des Mines. Les plans qu'ils dressent sont sur une échelle de quatre chaines au pouce, et montrent la position des puits les plus importants ainsi que celle des machines, réservoirs, etc. Ces plans sont réduits et compilés au Département des Mines à Melbourne, lithographiés et publiés à bas prix. Le besoin de ces plans a augmenté considérablement, et leur valeur est démontrée par un plan de la ville de Ballaarat Ouest, qui fut dressé en 1859, par Monsieur l'Inspecteur des Mines Davidson, pour le Conseil des Sciences, par ordre de l'Honorable John O'Shanassy, alors Sécretaire en Chef (1er Ministre) et Chef au Département des Mines : ce plan montre que beaucoup d'édifices importants de cette ville ont été affouillés par les mines ; et si ce n'était par cette archive qui a été heureusement conservée, le fait de l'exploitation et de la position de ces mines serait resté inconnu, et aurait été probablement, d'ici peu, complètement ignoré.

Les lois ayant rapport aux mines d'or sont, quant à present, défectueuses, et le Commissaire des Mines (l'Honorable John Basson Humffray) a préparé des projets de lois qui doivent être soumis au Parlement, pour pourvoir à la meilleure administration des mines, pour autoriser et régler l'exploitation des mines sur les propriétés particulières, pour assurer une compensation aux familles de personnes tuées par accident et pour l'amendement et la consolidation des lois ayant rapport aux associations pour l'exploitation des mines. Un projet de loi est aussi préparé, et sera soumis au Parlement par l'Avocat Général (Ministre de la Justice), pour la meilleure administration de la justice aux mines.

L'Assemblée Législative en 1860 vota une somme de £30,000 pour la découverte de nouvelles mines. Environ la moitié de cette somme fut dépensée, sous l'administration d'un Conseil, ayant pour Président l'Honorable Vincent Pyke, à cette époque Ministre du Commerce et des Douanes. Un champ d'or d'une certaine étendue et très riche dans quelques parties fut découvert par Monsieur Alfred Howitt, le chef d'une compagnie d'explorateurs, sur la rivière Crooked, tributaire du Wonangaratta, dans la terre de Gipps ; et dans différentes parties du pays les mineurs furent à même de poursuivre leurs recherches dans des districts plus avancés, et ils ont réussi à rencontrer des terres aurifères.

En 1855 l'attention du Gouvernement fut appelée sur la nécessité qui existait de fournir de l'eau aux mines ; mais ce ne fut que lorsque le besoin fut signalé d'une manière proéminente par la publication des rapports des inspecteurs des mines que des mesures furent prises pour la construction de réservoirs. Des observations météorologiques montrent que les eaux de pluie, pour toute la Colonie, varient de 20 à 30 pouces. Ce qui est suffisant dans des pays plus froids pour entretenir les cours d'eau, mais avec un climat sec l'évaporation est considérable, et la nature des rochers n'est pas favorable pour la rétention des eaux d'orage et des pluies du printemps : il est donc tout à fait nécessaire de faire des travaux d'art pour pouvoir conserver cette eau. En 1860, sur la motion de l'Honorable Thomas Loader, une somme de £50,000 fut votée par le Parlement pour cet usage, et vingt-neuf réservoirs ont été faits. La quantité totale d'eau dans ces réservoirs est de 597,021,583 gallons, faisant une moyenne de dépenses (exclusive de la surveillance des travaux—un détail) de £69 2s. par chaque million de gallons. Ces réservoirs sont généralement profonds ; un des remblais principaux est de 43·35 pieds de haut et le moins important est de 8·43. La plus grande quantité d'eau contenue dans un réservoir est 85,811,110 gallons.

Monsieur Charles John Taylor, ingénieur civil, précédemment ingénieur résident au réservoir du Yan Yean (un des plus grands travaux hydrauliques du monde) est le surintendant.

Le contour de la contrée est si favorable à la formation de réservoirs que le Parlement, au commencement de l'année courante, a voté une somme supplémentaire de £75,000 pour de nouveaux travaux de ce genre ; et lorsque les avantages d'un approvisionnement d'eau aux mines auront été suffisamment constatés, des travaux plus importants encore seront entrepris. L'eau sera principalement affectée à l'exploitation des mines.

TABLE No. 1.—*Montrant l'évaluation de la Population des Mines depuis* 1851.

	Adultes Hommes, y-compris les Chinois.	Chinois.	Population totale de toutes classes, d'après les comptes-rendus des Directeurs des Mines.	Total des Mineurs.*
Décembre, 1851	19,300	...	20,300	
„ 1852	33,800	...	44,400	
„ 1853	52,800	...	75,626	
„ 1854	65,763	...	92,853	
„ 1855	109,665	19,244	146,042	
„ 1856	115,343	18,109	181,000	
„ 1857	132,508	36,327	196,084	
„ 1858	147,358	33,673	205,320	
„ 1859	139,230	26,044	201.422	125,764
„ 1860	144,396	24,886	224,977	108,562
Juin, 1861	155,149	26,545	240,751	110,226

* NOTE.—Les renseignements de cette colonne sont recueillis des rapports des Inspecteurs des Mines ; tout le reste de la table est compilé des comptes-rendus des Directeurs des Mines ou d'autres employés chargés des différents districts. L'exactitude de ces calculs peut être inférée par les différences peu sensibles qui existent entre la population évaluée en Décembre 1856 et le dénombrement qui fut fait de la population au recensement du 31 Mars suivant. Ainsi, pour le district de Ballaarat l'évaluation était 49,800 et le dénombrement 47,728 ; pour Castlemaine l'évaluation et le dénombrement étaient respectivement 30,200 et 31,331 ; et pour le district de Sandhurst l'évaluation était de 32,364 et le recensement 32,417.

TABLE No. 2.—*Montrant la Récolte de l'Or, indiquée par la quantité transportée par l'Escorte et le montant exporté depuis 1851.*

Année.	Nombre d'onces par l'escorte.*	Nombre d'onces exportées.	Valeur, à 80s. par once.	Moyenne par année par chaque personne aux mines.		Valeur du gain de chaque personne, à 80s. par once.	Moyenne du gain par année de chaque mineur.		Valeur du gain de chaque mineur, à 80s. par once.
			£	oz.	dwt.	£	oz.	dwt.	£
1851, pour trois mois	104,154	145,146	580,584	7	10	30	Il n'y a pas eu de distinction faite dans le dénombrement de la population, pour ces périodes, entre les mineurs et autres.		
1852	2,277,026	1,974,975	7,899,900	58	8	233			
1853	2,065,903	2,497,723	9,990,892	47	6	189			
1854	1,482,697	2,144,699	8,578,796	32	12	130			
1855	2,132,397	2,751,535	11,006,140	25	1	100			
1856	2,625,968	2,999,191	11,996,764	26	0	104			
1857	2,481,020	2,755,956	11,023,824	20	16	83			
1858	2,371,268	2,528,102	10,112,408	17	3	68			
1859	2,202,012	2,280,571	9,122,284	16	7	65	18	2	72
1860	2,008,843	2,156,316	8,625,264	14	18	59	19	17	79
1861, pour six mois	915,743	962,595	3,850,380	6	4	24	8	14	34
	20,667,031	23,196,809	97,286,236						

* NOTE.—Dans le compte-rendu de l'or par Escorte, la quantité envoyée par les Escortes du Gouvernement à Sydney et à Adelaide, ainsi que par les Escortes Particulières à Melbourne, pendant les années 1852, 1853 et 1854, est enregistrée. On ne sait pas si les quantités envoyées par les Escortes du Gouvernement aux autres Colonies sont enregistrées dans la colonne d'exportation du tableau ci-dessus. Les montants étaient en 1852, 230,256 oz.; en 1853, 178,622 oz.; et en 1854, 6,031 oz.

TABLE No. 3. — *Montrant l'augmentation des Machines sur les Mines depuis 1855.*

Année.	Machines à vapeur.	Machines à puddler.	Machines à broyer le quartz.	Ecluses.	Machines à cheval.	Roues hydrauliques.	Machines à creuser.	Treuils et Whips.
1855	44	1,521	83	260	...	149	...	...
1856	140	3,526	159	547	30	165	...	370
1857	249	3,657	122	845	...	219	13	459
1858	330	5,241	149	727	72	189	5	283

En 1859 *le nombre des machines était :*

285 Machines à vapeur employées aux mines de l'alluvion, à pomper, etc., d'une force totale de 3,821 chevaux.

3,982 Machines à cheval pour puddler.

396 Treuils.

101 Roues hydrauliques.

91 Ecluses.

77 Augets.

113 Whips.

3 Machines à main.

19 Pompes à cheval moteur

8 Pompes hydrauliques.

296 Machines à vapeur employées à miner le quartz, à le broyer, etc., d'une force totale de 4,357½ chevaux.

7 Machines hydrauliques.

69 Treuils.

1 Moulin à vent.

4 Whips à cheval moteur.

8 Machines à broyer à cheval moteur.

———

Valeur approximative de tout le matériel estimée à £1,155,923.

En 1860 *le nombre des machines était :*

294 Machines à vapeur employées aux mines de l'alluvion, à pomper, etc., d'une force totale de 4,137½ chevaux.

3,958 Machines à cheval pour puddler.

354 Treuils et poulies.

138 Roues hydrauliques.

623 Ecluses et augets.

19 Tuyaux hydrauliques.

134 Whips.

37 Pompes à cheval moteur.

417 Machines à vapeur employées à miner le quartz, à le broyer, etc., d'une force totale de 6,645 chevaux.

41 Machines à broyer moteurs eau et chevaux.

161 Treuils.

26 Whips.

1 Pompe à cheval moteur.

5 Roues hydrauliques.

———

Valeur approximative de tout le matériel estimée à £1,299,303.

TABLE No. 4.—*Montrant le nombre de Personnes employées au Travail*

District.	Division.	Mineurs d'Alluvion.		Mineurs de Quartz.		Population de Mineurs.	Total de la Population.	Machines. Machines à vapeur employées à pomper, etc.	
		Européens.	Chinois.	Européens.	Chinois.			Nombre.	Total Force de Chevaux
BALLAARAT.	No. 1	1,086	11	50	..	1,147	10,147	29	724
	No. 2	208	284	510	..	1,002	11,002	3	32
	No. 3	426	1,365	613	52	2,456	15,500	10	95
	No. 4	1,090	220	170	8	1,488	3,288	18	410
	No. 5, ou Buninyong	1,000	200	475	..	1,675	2,200	25	364
	No. 6	4,280	850	220	..	5,350	15,000	114	1,400
	Creswick	1,700	1,600	654	..	3,954	7,854	6	56
	Gordon	40	..	55	..	95	495	1	8
	Steiglitz	700	61	350	..	1,111	1,611	1	6
	Blackwood	330	210	221	..	761	1,061	..	..
	Total	10,860	4,801	3,318	60	19,039	68,158	207	3,095
BEECHWORTH.	Spring Creek, etc. ..	1,800	900	150	..	2,850	5,750	17	176
	Yackandandah, etc...	3,480	1,520	95	..	5,095	8,000	1	2
	Indigo	2,899	1,650	120	..	4,669	7,700	20	260
	Buckland	400	1,250	550	..	2,200	2,950	..	..
	„ Ouest ..	400	..	1,300	..	1,700	2,100	..	..
	Total	8,979	5,320	2,215	..	16,514	26,500	38	438
SANDHURST.	Kangaroo Flat ..	3,578	1,014	1,211	8	5,811	14,724	2	70
	Eaglehawk, etc. ..	3,500	480	1,150	..	5,130	9,130	1	4
	Kilmore	150	..	150	..	300	600	..	..
	Heathcote et Waranga	862	161	1,301	..	2,324	5,875	2	14
	Total	8,090	1,655	3,812	8	13,565	30,329	5	88
MARYBOROUGH.	Maryborough ..	2,200	950	530	..	3,680	7,730	7	118
	Amherst	3,200	400	200	..	3,800	6,600	9	110
	Avoca	7,145	758	1,042	..	8,945	15,000	..	..
	Dunolly	3,170	1,800	750	..	5,720	8,720	2	24
	Inglewood ou Korong	4,000	150	3,000	..	7,150	16,150	2	22
	St. Arnaud	5,900	250	600	..	6,750	10,750	..	..
	Total	25,615	4,308	6,122	..	36,045	64,950	20	274
CASTLEMAINE.	Castlemaine	1,720	2,450	700	..	4,870	14,371	..	..
	Fryer's Creek ..	2,200	3,000	180	..	5,380	9,380	8	128
	Hepburn	1,860	787	315	..	2,962	7,712	3	32
	Taradale	400	50	100	..	550	7,550	2	26
	Maldon	920	450	600	..	1,970	6,520	5	80
	St. Andrew's.. ..	1,226	146	69	..	1,441	2,500	2	12
	Total	8,326	6,883	1,964	..	17,173	48,033	20	278
ARARAT.	Ararat	1,550	550	236	..	2,336	5,532	1	12
	Pleasant Creek ..	2,950	280	600	..	3,830	7,600	4	27
	Raglan	978	742	4	..	1,724	4,050	16	186
	Total	5,478	1,572	840	..	7,890	17,182	21	225
	Total Général ..	67,348	24,539	18,271	68	110,226	255,152	311	4,398

des Mines, le Genre et la Valeur des Machines, etc.   Juillet, 1861.

Column groups: **Machines employées à miner l'Alluvion.** (columns 1–7) — **Machines employées à l'Exploitation du Quartz.** (columns 8–15, of which *Nombre* and *Total Force de Chevaux* form the sub-group *Machines à vapeur employées à broyer, etc.*).

Machines à puddler.	Treuils et Poulies.	Whips.	Pompes à cheval-moteur.	Écluses et Augets.	Roues hydrauliques.	Tuyaux hydrauliques.	Nombre.	Total Force de Chevaux.	Machines à broyer.	Treuils.	Pompes à cheval moteur.	Roues hydrauliques.	Machines de Derrick.	Whips.	Valeur approximative de tout le Matériel servant à l'Exploitation des Mines. (£)	Nombre de Miles carrés exploités par les Travaux des Mines.
56	8	..	..	..	..	..	3	83	..	1	..	..	..	..	33,500	1
63	..	..	..	..	..	..	17	300	..	..	..	..	..	..	43,200	1¼
127	82	..	..	..	..	..	30	500	..	10	..	..	..	..	100,000	3¾
55	2	..	..	..	..	..	6	90	..	6	..	..	..	4	43,000	¼
82	45	..	..	..	..	..	11	220	..	..	..	..	..	..	50,000	7
24	10	..	..	..	..	..	10	148	..	1	..	..	..	..	100,000	30
180	62	..	..	..	..	..	26	575	..	19	..	..	..	..	90,000	6½
6	1	..	..	..	..	..	4	51	..	6	..	..	..	..	8,000	1½
5	2	..	..	..	..	..	15	217	..	2	..	..	..	..	16,050	4
6	4	..	..	..	..	..	10	106	..	..	..	9	..	..	22,000	16¼
604	**216**	..	..	..	..	..	**132**	**2,290**	..	**45**	..	**9**	..	**4**	**505,750**	**71½**
38	15	..	..	..	29	..	1	6	..	..	..	1	..	..	49,000	3
21	2	..	..	..	54	2	1	8	1	..	..	1	..	..	11,000	11¾
108	28	191	..	..	..	..	3	37	..	1	..	..	..	..	33,000	25
..	..	..	..	..	38	17	10	137	..	..	..	5	..	1	29,220	27
..	..	..	..	..	..	..	..	..	..	..	..	..	..	..	..	..
167	**45**	**191**	..	..	**121**	**19**	**15**	**188**	**1**	**1**	..	**7**	..	**1**	**122,220**	**66¾**
..	..	..	..	..	..	..	52	853	..	..	..	..	..	..	99,801	4
482	11	..	..	..	..	..	53	758	..	11	..	..	..	..	10,000	4
11	..	..	..	..	..	..	10	120	..	..	..	..	..	..	18,000	12
199	..	..	..	..	..	..	22	294	19	5	..	..	..	..	53,100	87
692	**11**	..	..	..	..	..	**137**	**2,025**	**19**	**16**	..	..	..	..	**180,901**	**107**
270	14	..	..	..	..	..	11	215	..	24	..	..	..	..	30,600	17
122	28	..	..	..	..	..	8	128	..	..	..	..	..	..	19,350	26½
55	9	..	..	83	..	..	1	14	..	..	..	..	..	..	7,000	21
137	..	..	..	..	..	..	30	333	2	16	..	..	..	..	5,876	8
100	10	..	..	..	..	..	17	219	..	..	..	..	..	..	31,000	27½
56	..	..	..	..	..	..	6	97	..	7	..	..	..	..	17,960	15
740	**61**	..	..	**83**	..	..	**73**	**1,006**	**2**	**47**	..	..	..	..	**111,786**	**115**
360	22	..	..	..	..	..	34	568	33	30	..	..	..	..	72,000	25
338	..	30	41	65	..	..	10	185	..	5	..	..	..	10	63,000	12½
127	5	..	..	..	..	..	10	106	4	5	..	..	..	..	22,000	60
11	..	..	..	..	..	..	4	42	1	..	..	..	..	..	7,000	12
84	..	..	..	..	..	..	31	630	..	17	..	..	6	..	80,000	10
13	..	..	..	..	..	..	4	24	1	1	..	1	..	..	7,000	43
933	**27**	**30**	**41**	**65**	..	..	**93**	**1,555**	**39**	**58**	..	**1**	**6**	**10**	**251,000**	**162½**
45	27	..	..	21	..	..	5	85	..	4	..	..	..	..	6,500	14
20	6	..	..	..	..	..	10	216	1	21	..	..	..	..	41,000	13
55	19	..	..	12	..	..	..	..	..	..	..	..	..	..	16,120	12
120	**52**	..	..	**33**	..	..	**15**	**301**	**1**	**25**	..	..	..	..	**63,620**	**39**
3,256	**412**	**221**	**41**	**181**	**121**	**19**	**465**	**7,365**	**62**	**192**	..	**17**	**6**	**15**	**1,235,277**	**561¾**

H

TABLE No. 5.— *Montrant le nombre de Locations en force au 31 Décembre, 1860, ainsi que l'étendue du Terrain loué, le Capital et la Valeur des Machines qu'on se propose d'employer à l'exploitation du dit terrain.*

District de Mines.	Nombre de Locations.	Alluvion.			Quartz.			Total.			Capital pour l'exploitation.	Valuer des Machines qu'on se propose d'ériger.
		acres	r.	p.	acres	r.	p.	acres	r.	p.	£	£
Ballaarat...	52	580	0	30	714	3	19	1,295	0	9	221,180	83,725
Beechworth	...	nil			...			nil			...	nil
Sandhurst	155	...			...			697	0	0	563,050	286,145
Maryborough	33	...			...			335	1	9	185,800	89,550
Castlemaine	31	...			...			415	2	10	381,250	107,650
Ararat	...	nil			...			nil			...	nil
Total	271	...			...			2,742	3	28	1,351,280	567,070

NOTE.—La distinction entre les locations pour l'exploitation de l'alluvion et du quartz n'est faite, d'accord avec les règlements, que pour le district de Ballaarat.

TABLE No. 6.—*Moyennes : Produits du Quartz en 1860. Extrait des rapports des Inspecteurs des Mines.*

District.	Division.	Tonnes.		Produit.		Moyenne par tonne.		
		tonnes.	cwt.	oz.	dwt.	oz.	dwt.	gr.
Ballaarat ...	Première Division (a) ...	...		...		...		
	Deuxième Division ...	1,909	0	677	15	0	7	2
	Troisième Division ...	4,379	0	1,426	19	0	6	12
	Quatrième Division (b) ...	433	0	502	2	0	1	3
	Cinquième Division ...	2,230	0	1,078	0	0	9	15
	Sixième Division ...	10	0	9	0	0	18	0
	Creswick (c)	50,614	0	32,796	2	0	12	23
	Gordon	1,135	0	754	10	0	13	7
	Steiglitz	98	0	863	18	8	16	7
	Blackwood	267	0	270	0	1	0	5
	Total ...	61,075	0	38,378	6	0	12	13
Beechworth	Spring Creek, etc. (a) ...	...		...		...		
	Yackandandah... ...	4	8	5	10	1	5	0
	Indigo	480	5	944	8	1	19	8
	Buckland (d) ...	3,241	3	12,912	8	3	19	16
	Total ...	3,725	16	13,862	6	3	14	9
Sandhurst	Kangaroo Flat, etc. (e) ...	42	0	406	0	9	13	8
	Eaglehawk	23	0	341	0	14	16	12
	Bendigo Flat (a) ...	...		...		...		
	Heathcote (f) ... } Waranga et Whroo }	2,550	15	4,906	0	1	18	11
	Kilmore	63	0	708	8	11	4	21
	Total ...	2,678	15	6,361	8	2	7	1
Maryborough	Maryborough	3,943	0	3,482	0	0	17	15
	Amherst (g)	331	0	298	10	0	18	0
	Avoca et St. Arnaud (a)	...		...		...		
	Dunolly	50	0	20	0	0	8	0
	Inglewood ou Korong (h)	224	0	2,544	11	11	7	3
	Total ...	4,548	0	6,345	1	1	7	21

(a) Pas de rapport.

(b) Une compagnie broya du 15 Août, 1859, au 9 Mai, 1860, 3.369 tonnes, qui produisirent 2.548 oz., ou 15 dwt. par tonne ; une autre pendant douze mois terminant le 18 Août, 1860, 4,724½ tonnes, qui produisirent 2.942½ oz., ou 12 dwt. 10 gr. par tonne.

(c) Non compris 4,778¼ tonnes de ciment, etc., qui produisirent 1,151 oz. 4 dwt. 1 gr. par tonne.

(d) Une partie de ce quartz était très riche : 210 tonnes produisirent 2,722 oz., ou 12 oz. 19 dwt. 21 gr. par tonne ; une partie était au taux de 44 oz 5 dwt. par tonne.

(e) Une des mines de cette division produisit pour plusieurs broyages 92 oz. par tonne.

(f) Exclusif de 1,000 tonnes de ciment, etc., qui produisirent 350 oz., ou 7 dwt par tonne.

(g) En sus de quoi plusieurs broyages de pierre, principalement ciment, etc., produisirent pour une quantité de 10,174 tonnes, 9,499 oz., ou 18 dwt. 6 gr. par tonne.

(h) Exclusif de 40 tonnes de ciment, qui produisirent 120 oz., ou 3 oz. par tonne ; 22 tonnes de quartz produisirent 2 300 oz., ou 104 oz. 10 dwt. 21 gr par tonne.

Table No. 6.—*Moyennes, etc.*—continuées.

District.	Division.		Tonnes.	Produit.	Moyenne par tonne.
			tonnes. cwt.	oz. dwt.	oz. dwt. gr.
Castlemaine	Castlemaine (*a*)	...	6,367 0	6,215 2	0 19 12
	Hepburn	...	101 0	627 8	6 4 5
	Maldon	...	3,802 5	3,883 18	1 0 10
	St. Andrew's	...	226 0	1,079 0	4 15 11
	Taradale	...	2,538 10	2,614 3	1 0 14
	Fryer's Creek	...	267 0	536 0	2 0 3
	Total	...	13,301 15	14,955 11	1 2 11
Ararat ...	Ararat, Pleasant Creek } et Raglan ...		1,265 10	2,002 10	1 11 15
	Total Général		86,594 16	81,905 2	0 18 22

(*a*) Deux tonnes de cette quantité produisirent 207 oz , ou 103½ oz. par tonne; et 5 tonnes, 346 oz. 4 dwt. ou 69 oz. 5 dwt. 4 gr. par tonne ; et 6 tonnes, 300 oz., ou 50 oz. par tonne.

Étain.

Le minerai d'étain est trouvé dans le district des Ovens et dans d'autres parties de la Colonie. Il n'est trouvé que dans les lits des ravins et des rivières, et aucune veine n'a encore été ouverte. Monsieur l'Inspecteur des Mines Grimes rapporte, " que le crique de la Tête de Serpent (dans le district des Ovens) est, à l'exception du crique à la jonction du Woorragee, exploité presque exclusivement pour le sable noir (étain liquide), le seul qui produise de 60 à 80 pour cent. d'étain. Le produit par homme par semaine est de 1 à 2 cwt."

Le détail suivant des exportations de cet article a été obtenu de l'administration des Douanes :—

Année.	Étain.		Minerai d'étain.
1853	9 tonnes et 312 colis	...	770 tonnes 11 cwt.
1854	... ...	...	357 „ 17 „
1855	... ...	...	109 „ 3 „
1856	1 tonne 4 cwt.	...	97 „ 11 „
1857	0 „ 10 „	...	60 „ 15 „
1858	1 „ 6 „	...	88 „ 2 „ et 120 lingots
1859	0 „ 5 „	...	—
1860	4 „ 18 „	...	59 „ 13 „
1861 (6 mois)	0 „ 2 „	...	556 „ 1 „

Argent, Antimoine, Plomb et Cuivre.

L'antimoine est trouvé en veines de considérable épaisseur à MacIvor, et des travaux importants y sont faits maintenant pour l'extraction de ce minéral. Il se présente en veines mêlées au quartz et à l'or. Il est trouvé à Anderson Creek, Steiglitz et dans la partie au Nord de Maryborough. Dans beaucoup de veines de quartz on rencontre du sulfure de plomb (avec des traces d'argent), du cuivre et de l'antimoine; mais c'est seulement à MacIvor que l'exploitation de l'antimoine occupe l'attention des mineurs.

Fer.

Les minerais de fer sont trouvés dans presque toute la Colonie, et des arrangements sont sur le point d'être faits pour l'exploitation et la réduction des oxides de fer qui se présentent en veines épaisses dans les districts des mines de Castlemaine et Sandhurst. Des masses de fer natif, mélangé de nickel, sont trouvées dans le district de Western Port.

Argiles.

On trouve dans la Colonie des terres d'une grande valeur pour la manufacture de travaux fins de poterie, et de la terre à porcelaine d'excellente qualité existe, en quantité considérable, à Bulla, sur le ravin " Profond," à environ douze miles de Melbourne. Des privilèges ont été obtenus pour l'exploitation du kaolin, et probablement l'argile sera bientôt en usage d'une manière étendue.

La terre à porcelaine à Bulla provient de la décomposition de granit, et elle existe *in situ.*

Diamants.

On dit que le diamant existe dans le district des Ovens, et un des journaux du lieu rapporte que treize pierres ont été trouvées près de Beechworth. Des machines vont être érigées pour laver le gravier où les pierres précieuses ont été découvertes.

Topaze.

La topaze est trouvée dans le district d'Ararat, à Castlemaine, Beechworth, etc. Des pierres fines, fort propres à des travaux d'optique, ont été obtenues près du crique " Plaisant," un tributaire de la rivière Wimmera.

Houille.

Les gisements de houille dans la Colonie de Victoria occupent un espace égal à 3,000 miles carrés, ou 1,920,000 acres. Ces gisements se présentent dans la terre de Gipps, dans les comtés de Mornington, Grant, Bourke et Polwarth, et dans le district de la baie de Portland. Très peu de couches de houille ont été découvertes, et on n'a encore que fort peu de renseignements concernant la possibilité de les exploiter d'une manière économique. Les couches de houille au Cap Patterson varient de quelques pouces à trois pieds neuf pouces. La Compagnie Houillière de Victoria a demandé et obtenu la permission du Gouvernement d'en enlever cinq cent tonnes, et si leur spéculation est poursuivie, elle tendra à développer cette mine, et à prouver si de telles exploitations peuvent être entreprises d'une manière avantageuse dès à présent.

Du charbon végétal a été trouvé près de Ballaarat et dans d'autres parties de la Colonie, mais il n'a pas été exploité.

NOTE.—Des règlements ont été faits dernièrement, par ordonnance du Gouverneur, d'après lesquels, d'accord avec l'Acte 24 Victoria No. 117, on peut prendre, pour un terme n'excédant pas trente ans, des étendues de terrain d'un quart d'acre jusqu'à six cent quarante acres, à une location de deux schellings par acre par an, et le payment en sus de deux pour cent. sur la valeur du minéral ou métal à l'embouchure de la mine.

ESQUISSE DU CLIMAT

DE LA

COLONIE DE VICTORIA.

PAR

GEORGE NEUMAYER,

Directeur de l'Observatoire Magnétique, Nautique et Météorologique de Melbourne.

LE but de cette courte esquisse est de donner une description claire et compréhensible de notre climat; pour arriver à ce résultat il est indispensable d'avoir une connaissance des caractères topographiques de la Colonie. Comme il est probable, néanmoins, que dans d'autres branches de recherches scientifiques, formant partie de ce rapport général, une description topographique de Victoria a été donnée, et que cette description a été plus largement traitée qu'il ne serait possible de le faire dans ce travail, mention sera faite seulement des faits qui sont nécessaires pour la description des diverses Stations Météorologiques de la Colonie.

La position géographique de Williamstown, le point zéro du système co-ordonné de l'inspection de la Colonie, est, d'après les résultats de l'examen géodésique, dans la latitude 37° 52′ 42″ Sud, et dans la longitude 9h. 39m. 54s. de Greenwich Est.

L'observatoire du " Flagstaff " est situé à 4 miles Nord 30° Est de ce point régulateur, à une élévation au-dessus du niveau de la mer égale à 120·7 pieds, exposé à tous les vents et éloigné de toute élévation considérable.

Les élévations des autres stations de la Colonie, autant qu'on a pu jusqu'à présent s'en assurer, sont les suivantes :—

Ararat ...	... 1,072	pieds au-dessus du niveau de la mer.
Ballaarat ...	... 1,437	„ „ „
Beechworth	... 1,750	„ „ „
Castlemaine	... 942	„ „ „
Geelong ...	... 96	„ „ „
Heathcote...	... 789	„ „ „
Mount Warrenheip...	2,450	„ „ „
Portland ...	... 36	„ „ „
Port Albert	... 7	„ „ „
Sandhurst...	... 779	„ „ „

Ces stations sont situées en partie vers le Nord du grand point de division et en partie au Sud, et d'autres tout près de lui, comme on peut le voir en jetant les yeux sur une carte du pays.

Après ces quelques remarques préliminaires nous passons en revue les divers éléments météorologiques, en ce qui a rapport plus particulièrement à notre Colonie, et nous commençons par la Température de l'Air.

Après les résultats ayant rapport plus particulièrement au climat, nous ajoutons certains faits, ayant rapport au magnétisme terrestre et à l'occurrence de météores, qui seront d'un grand intérêt général.

La température de l'air, dans sa propre valeur et étendue, forme un élément si important dans l'histoire du climat d'un pays, qu'elle doit être prise la première en considération, et avant d'examiner la distribution de la chaleur pendant toute l'année et dans tout le pays, il sera intéressant d'observer quelques uns des principaux caractéristiques des résultats auxquels on est arrivé à Melbourne à la suite d'une série de longues et attentives observations.

Les observations qui ont été faites de 1842 à 1850 donnent comme moyenne de la température de l'air pendant cette période 57·6°. Chaque année ne peut cependant pas se rapporter à l'autre aussi bien, à cause de la méthode employée pour déterminer les moyennes.

Commençant en 1842 ces valeurs sont 58·3°, 58·3°, 56·6°, 59 3°, 57·3°, 58·0°, 52·2°, 56·1°, 58·7°, finissant en 1850. Le résultat d'observations subséquentes en 1856 et 1857 donne la valeur moyenne de la température à 58·5° et 59·7°, et si nous ajoutons ces résultats à la série ci-dessus la température moyenne pour les onze années dont il a été fait mention est de 57·87°, laquelle valeur s'accorde avec celle à laquelle on est arrivé après des observations constantes à l'observatoire du Flagstaff pendant les années 1858, 1859 et 1860, c'est-à-dire, 57·79°, 57·81°, et 57·86°, donnant une température moyenne pour Melbourne de 57·82°. D'après le dégré avec lequel ces valeurs se rencontrent, nous pensons que les différences dans les valeurs de la série mentionnée plus haut, c'est-à-dire, avant 1858, sont plutôt dues à la méthode par laquelle les moyennes de la température étaient obtenues qu'à des oscillations réelles dans leur valeur.

D'après les observations prises à l'observatoire du Flagstaff, la température moyenne, et la portée moyenne pour les différents mois de plusieurs années, est ainsi qu'il suit :—

Mois.	Janvier.	Février.	Mars.	Avril.	Mai.	Juin.	Juillet.	Août.	Septembre.	Octobre.	Novembre.	Décembre.
	°	°	°	°	°	°	°	°	°	°	°	°
Température moyenne	68·0	65·2	63·5	58·6	53·6	48·1	47·4	51·4	52·7	57·9	62·0	65·7
Portée moyenne mensuelle	54·5	56·5	45·0	45·3	35·7	29·1	24·8	30·2	43·1	45·7	56·6	57·0

La moyenne mensuelle de l'étendue de la température de l'air se monte donc à 43·1°.

La température la moins élevée est généralement dans le mois de Juillet, et elle est de quelques dixièmes en plus ou en moins de 32°, et conséquemment une appréciation correcte de la portée annuelle de la température de l'air peut être formée en observant la table des températures les plus élevées pendant les dernières six années :—

1855 en Décembre	... 98·5°		1858 en Novembre	... 103·2°
1856 en Janvier	... 98·0°		1859 en Février	... 104·0°
1857 en Janvier	... 101·0°		1860 en Janvier	... 111 0°

L'époque à laquelle la température la plus élevée se présente, varie beaucoup ; un fait certain, cependant, est que la période entre le 21 et 25 Janvier est caractérisée par une moyenne de température très élevée (73·6°), tandis que, on doit le dire, les maxima de la température ont été entre les 27 et 31 Décembre et 6 et 10 Janvier.

En parlant des extrêmes de la température, on doit faire mention que des gelées blanches et de la glace sont observées quelquefois aux mois de Juin, Juillet, Août et Septembre ; et un fait digne d'être rapporté est que aussi tard que le 22 Septembre une gelée blanche fut remarquée à Melbourne, mais elles arrivent principalement en Juillet, et rarement en Juin. La température la moins élevée est généralement entre le 20 et 24 Juillet, la moyenne des cinq jours étant 44·7°.

Une grande attention fut invariablement donnée au rayonnement terrestre et solaire; le premier fut observé à l'aide d'un réflecteur parabolique, placé dans une boîte à double fond, l'espace intermédiaire bien rempli de ouate; le second à l'aide du thermomètre de Casella pour le plus grand rayonnement solaire.

Comme moyenne des maxima et minima pour chaque mois, pendant plusieurs années, se référer au tableau suivant :—

Moyennes de	Janvier.	Février.	Mars	Avril.	Mai.	Juin.	Juillet.	Août.	Septembre.	Octobre.	Novembre.	Décembre.
Max. radiation solaire ..	109·8	107·7	103·0	95·5	86 6	77·8	79·8	85·7	93·2	98·5	103·9	107·5
Min. radiation terrestre ..	55·0	52·4	52·4	47 5	44·1	39·8	36 7	39·6	39·9	45 8	48·4	52·5
Différence	54·8	55·3	50 6	48·0	42·5	38·0	43·1	46·1	53·3	52·7	55·5	55·0

La moyenne de la température du sol, telle qu'elle fut indiquée par un thermomètre couvert de terre et un autre enterré 14 pouces au-dessous de la surface, est, pour les différentes saisons, dérivée de deux années d'observations :—

Saisons.				Surface.	14 pouces profond.
Printemps	...	...	...	...	62·2	59·1
Eté ...	...	...	...	...	72·5	71·3
Automne	...	...	...	...	61·3	62·6
Hiver ...	...	...	...	...	49 0	49·2
Année	...	...	...	61·25	60·55

La moyenne, par jour, de la portée de la température de la surface du sol se monte à 41·1°, pour le printemps; 47·3, pour l'été; 26·6°, pour l'automne; et 17·6° pour l'hiver; donnant une valeur moyenne annuelle de 33·7°. Avant de conclure les remarques sur la température ayant rapport spécial à Melbourne, il y a encore deux points intéressants à toucher. Nous voulons parler de la courbe de la température de l'air et des vents. Mais comme il est probable que des tables comparatives occuperaient trop de place, on a cru qu'il serait bon de donner la température moyenne pour les heures paires de chaque saison et de l'année. Par rapport aux vents nous donnerons seulement la température des huit vents cardinaux d'hiver et d'été :—

Heures.	Septembre, Octobre, Novembre.	Décembre, Janvier, Février.	Mars, Avril, Mai.	Juin, Juillet, Août.	Année.
Minuit ...	52·12	60·20	55·35	46·01	53·42
2h. A.M. ...	51·03	58·78	54·30	45·32	52·36
4h. „ ...	50·30	57·72	53·42	44·71	51·54
6h. „ ...	51·17	59·32	53·02	44·29	51·95
8h. „ ...	57·18	65·68	56·31	45·49	56·17
10h. „ ...	62·55	71·69	62·69	50·99	61·98
Midi ...	65·15	74·64	66·03	54·65	65·12
2h. P.M. ...	65·79	75·53	67·13	55·74	66·05
4h. „ ...	63·74	73·84	65·05	53·70	64·08
6h. „ ...	59·46	69·79	60·97	50·02	60·06
8h. „ ...	56·15	64·72	58·36	48·51	56·93
10h. „ ...	54·18	62·35	56·55	47·10	55·04

La moyenne amplitude de chaque jour dans les oscillations de la température de l'air pour l'année, est égale à 14·83°, et pour les diverses saisons comme suit : au printemps, 15·59° ; pendant l'été, 18·09° ; pendant l'automne, 14·12° ; et pendant l'hiver, 11·51°. La moyenne de la portée de chaque jour est pour les même saisons respectivement : 19·1°, 21·2°, 17·4°, 14·5° ; donnant une moyenne pour l'année de 18·05°.

Elévation du Vent d'après le Thermomètre.

	Hiver.	Eté.
S.	49·40	... ... 68·93
S.E.	47·63	... ... 61·27
E.	50·10	... ... 65·02
N.E.	43·0	... ... 68·09
N.	50·37	... ... 75·26
N.O.	47·38	... ... 62·67
N.	49·09	... ... 58·95
S.O.	50·07	... ... 63·34

Sous ce rapport, les changements soudains et considérables de l'air sont très caractéristiques. Les jours de vents chauds, au moment où le vent tourne au Sud, ils se montent de 20° à 30° en moins d'une demie heure.

La distribution des chaleurs dans tout le pays pourra être observée dans la table ci-jointe ; donnant les moyennes pour chaque quartier et pour l'année, et aussi les différences entre les mois les plus chauds et les plus froids, et entre l'hiver et l'été, ainsi que la moyenne portée mensuelle pour chaque station :—

Noms des Stations.	Moyenne de la Température.					Différence dans la moyenne		Moyenne de la Portée Mensuelle.
	Printemps.	Eté.	Automne.	Hiver.	Année.	du temps le plus chaud et le plus froid.	de l'Eté et l'Hiver.	
Alberton ...	54·7	64·5	58·0	49·2	56·8	20·0	15·3	—
Ararat ...	58·2	70·5	58·4	46·7	58·5	27·2	23·8	—
Ballaarat ...	53·6	63·4	54·4	44·4	54·0	22·8	19·0	45·3
Beechworth ...	57·2	68·9	58·5	44·1	57·2	29·6	24·8	44·1
Camperdown ...	54·0	62·5	55·1	45·9	54·4	18·2	16·6	54·4
Castlemaine ...	56·5	66·8	57·0	45·6	56·5	25·2	21·2	52·9
Echuca ...	60·3	75·9	63·6	50·5	62·6	30·4	25·4	41·2
Mount Egerton	51·5	66·9	53·8	45·3	54·4	25·0	21·6	—
Geelong ...	56·1	64·3	58·1	49·0	56·9	18·0	15·3	44·9
Heathcote ...	57·8	69·3	58·0	45·4	57·6	28·1	23·9	51·1
Melbourne ...	57·5	66·3	58·6	49·0	57·8	20·6	17·3	43·1
Sandhurst ...	59·5	68·7	60·2	45·6	58·5	26·8	23·1	41·0
Swan Hill ...	58·8	77·7	66·3	46·3	62·3	39·3	31·4	—

Juillet est pour toutes les stations le mois le plus froid, et la glace se présente le plus souvent pendant ce mois ; on doit dire cependant que des gelées blanches ont été observées aux stations de pays de montagnes, Ballaarat, Beechworth, Castlemaine, Heathcote, Sandhurst, et Warrenheip, aussi tard que le milieu d'Octobre, quoique durant ce mois et pendant Septembre la tombée des neiges soit plus fréquente.

En automne la glace peut être vue, de temps en temps, dans les pays montagneux pendant les derniers jours de Mars, mais plus régulièrement en Avril ; tandis que dans les stations près du bord de la mer on n'en voit pas avant les derniers jours de Mai, ou en Juin, et on n'en voit jamais après le 25 ou 30 Septembre. La moyenne du nombre de jours où la gelée blanche et la gelée à glace arrivent, est pour Heathcote 35, pour Ballaarat 16, pour Beechworth 11, etc ; et l'année 1859, qui était particulièrement favorable à la formation de la glace, montre sept jours pendant lesquels il gela à glace à Melbourne.

En comparant la température moyenne de Victoria avec celle d'autres pays il ne faut pas le faire sans égard aux élévations au-dessus du niveau de la mer. Il suffira, néanmoins, de faire observer des traits caractéristiques de température à Melbourne, qui sont en rapport avec certains lieux du Sud du Portugal ; car bien que Marseilles, Bordeaux, Bolonge, Nice, Vérone et Madrid, soient sur ou près la ligne isothermale correspondant à celle de l'hémisphère du Sud passant par Melbourne, les différences entre l'hiver et l'été, et le mois le plus chaud et le plus froid, sont de beaucoup moindres pour notre pays que pour les villes nommées plus haut. Par rapport à ces différences, Melbourne se rapproche très près de Lisbonne ; mais les valeurs de la température moyenne pour les différentes saisons sont pour la capitale du Portugal en excédant de celles de Melbourne ; tandis qu'elles sont presque les mêmes qu'à Mafra, 700 pieds au-dessus de la mer, et seulement 18 miles au Nord-Ouest de Lisbonne, et dans la latitude 38° 55′ Nord.

Si nous réduisons les valeurs diverses de Mafra et de Lisbonne à celles de Melbourne, nous obtenons la table suivante de différences :—

| Localités. | Température Moyenne. | | | | | Différence de la moyenne de Température | |
	Printemps.	Eté.	Automne.	Hiver.	Année.	du mois le plus chaud et le plus froid.	Eté et Hiver.
Mafra	+0·36	−0·80	−2·50	+0·59	−0·70	−4·10	−2·98
Lisbonne ...	+3·55	+2·15	+4·50	+7·91	+3·60	+0·10	+0·89
Melbourne ...	0·00	0·00	0·00	0·00	0·00	0·00	0·00

La partie basse du district de la rivière Murray, et la partie Nord du Wimmera, paraissent, par les quelques observations que nous possédons, qui du reste ne nous semblent pas tout à fait dignes de confiance, posséder les caractéristiques d'Alger, et plus particulièrement de Constantine.

C'est ici peut-être la meilleure place pour dire quelques mots sur notre atmosphère en ce qui concerne son humidité.

La température moyenne du point de rosée pour chaque mois, dérivée d'observations prises chaque trois heures à l'observatoire du " Flagstaff " avec l'hygromètre de Regnault, est ainsi que suit :—

Septembre	43·5	Décember	51·8	Mars	50·9	Juin	43·5
Octobre	46·6	Janvier	54·1	Avril	47·9	Juillet	40·5
Novembre	48·2	Février	53·9	Mai	44·7	Août	42·5
Printemps	46·1	Eté	53·3	Automne	47·8	Hiver	42·2

Donnant une température moyenne du point de rosée pour l'année de 47·3°. Pour les stations auxquelles les observations ont été suffisamment nombreuses et dignes de foi pour admettre d'une computation de leur humidité respective, qui a été faite, et dont voici le resultat :—

Noms des Stations.	Printemps.	Eté.	Automne.	Hiver.	Année.
	Pour cent.	Pour cent.	Pour cent.	Pour cent.	Pour cent.
Ballaarat	69	62	74	82	72
Beechworth	68	61	66	77	68
Castlemaine	71	63	74	83	73
Geelong	69	70	71	79	72
Heathcote	69	82	69	82	76
Melbourne	71	67	71	81	73
Sandhurst	56	57	71	79	66

Les variations auxquelles l'humidité relative est sujette sont très considérables, ce dont on peut juger par le fait que pendant l'été il n'est pas rare que pendant l'après-midi l'humidité relative soit réduite à 24 ou 25 pour cent. Dans ces circonstances la moyenne du jour se montait à 58 ou 60 pour cent., et pendant des jours de vents chauds, pendant quelques heures, avec une moyenne du jour entre 30 et 40 pour cent., l'humidité peut être réduite à 13 ou 15 pour cent.

Bien qu'il soit pertinent à ce sujet de traiter des variations de chaque heure en pression de vapeur, et de la relation entre cet élément, la température et la pression de l'air, nous nous abstenons d'en parler, parceque des déductions théoriques ne sont pas du plan de cette courte esquisse. Nous dirigeons donc notre attention vers la pression de l'air particulière à ce pays, et nous commençons par Melbourne.

La pression de l'air est sujette à des oscillations considérables en périodes plus courtes et plus longues. La plus grande étendue observée à Melbourne pendant trois années est de 1·728 pouces, les extrêmes ayant eu lieu le 19 Décembre, 1858, pendant une brise du Sud-Ouest et une grande pluie, et le 2 Août, 1859, à 10h. a.m., quand la pression était respectivement 28·872 et 30·560 pouces. Ce dernier chiffre était seulement 0·004 pouce de moins que l'année suivante, quand la pression de l'air à la même date et la même heure atteignit son maximum.

La période entre le 30 Juillet et le 6 Août paraît être, en observant les moyennes des cinq jours, d'une pression d'air très élevée, sinon, comme il en a déjà été fait mention, un maximum. Il y a d'autres époques de l'année, en Avril, Mai et Octobre, qui montrent une grande tendance à un maximum sous ce rapport, mais d'une manière beaucoup moins décidée.

La plus grande valeur que la moyenne de la pression de l'air atteignit, pendant une période de cinq jours, est 30·420 pouces, donnant une étendue de 0·916 pouce. Le minimum de ces courtes périodes arrive dans la saison d'été.

D'après les observations de chaque heure à Melbourne, la moyenne de la pression de l'air pour chaque mois et la moyenne de la portée mensuelle a été computée, dans quelques cas se servant des mêmes mois pour une moyenne de trois années et dans d'autres pour une moyenne de quatre années.

Mois.	Moyenne pour le Mois.	Portée pour le Mois.
	Pouces.	Pouces.
Janvier	29·774	0·690
Février	29·824	0·805
Mars	29·919	0·696
Avril	29·980	0·908
Mai	29·931	1·022
Juin	29·949	0·905
Juillet	30·036	0·795
Août	29·970	0·924
Septembre	29·875	0·933
Octobre	29·898	0 964
Novembre	29·854	0·805
Décembre	29·789	0·972

La moyenne annuelle se monte à 29·900 pouces, et la moyenne de la portée mensuelle pour l'année est de 0·868 pouce. Nous voyons tout d'abord comment la moyenne annuelle de la courbe de la pression atmosphérique montre le contraire en ce qui a rapport aux saisons et aux points tournants. Comme il a été déjà démontré en parlant de la moyenne annuelle de la courbe de la température, Juillet est le maximum et Janvier le minimum, la différence étant de 0·212 pouce. Un maximum secondaire a lieu en Avril. On ne peut pas s'attendre, après une aussi courte période d'observations, à ce que la portée mensuelle montre le même caractère distinct dans la loi de sa variation, mais nous en recueillons pour résultats, que la portée mensuelle est la plus grande pendant les mois d'hiver, et la moins grande pendant ceux d'été, tandis que pendant le printemps et l'automne elle approche de sa valeur moyenne, quoique le mois de Mai montre le maximum de la portée mensuelle, et que Mars partage plus, sous ce rapport, du caractère d'un mois d'été. La différence des portées mensuelles de Janvier et de Mai est égale à 0·332 pouce.

On peut se rapporter avec beaucoup plus de certitude aux résultats qu'on peut déduire de recherches ayant en vue de constater l'amplitude de chaque jour de la courbe de pression d'air pour toutes les saisons. Nous voyons tout d'abord comment elle croît en s'approchant des mois d'été (0·071), ayant une valeur moyenne pendant le printemps et l'automne (0·063), et un minimum en hiver (0·037). Pendant le mois de Janvier l'amplitude de chaque jour est la plus grande, étant 0·077 pouce, tandis que dans le mois de Juillet elle est seulement de 0·035 pouce; les points tournants de cette courbe arrivent à 9h. 20m. et 3h. 45m. p.m., ce dernier étant le minimum, le premier le maximum. Un maximum secondaire a lieu à 9h. p.m. et un minimum à 4h. a.m. Ces résultats sont entendus pour la courbe de l'année dans les différentes saisons; le temps fixe des points tournants oscille tant soit peu, comme on peut s'en rendre compte par la table ci-jointe, qui contient la moyenne de la pression de l'air pour les heures paires du jour :—

Pression moyenne de l'Air, pour les heures paires de chaque saison.

Heures.	Septembre, Octobre, Novembre.	Décembre, Janvier, Février.	Mars, Avril, Mai.	Juin, Juillet, Août.	Année
Minuit ...	29·886	29·802	29·947	30·014	29·912
2h. A M. ...	29·871	29·784	29·936	30·006	29·899
4h. „ ...	29·865	29·782	29·929	29·996	29·893
6h. „ ...	29·884	29·803	29·942	30·006	29·909
8h. „ ...	29·902	29·818	29·965	30·027	29·928
10h. „ ...	29·901	29·812	29·967	30·038	29·930
Midi	29·878	29·793	29·942	30·011	29·908
2h. P.M. ...	29·850	29·769	29·914	29·983	29·879
4h. „ ...	29·841	29·753	29·907	29·982	29·871
6h. „ ...	29·858	29·763	29·938	29·999	29·889
8h. „ ...	29·887	29·796	29·949	30·016	29·912
10h. „ ...	29·893	29·808	29·958	30·020	29·920

Avant de faire une comparaison entre les phénomènes ayant rapport à la pression de l'air, qui sont observés à Melbourne et dans les autres stations de la Colonie, nous devons d'abord donner une idée de l'influence des différents vents sur le baromètre, et cela ne peut être fait convenablement que d'après le tableau suivant, représentant la levée des vents barométriques d'après les observations faites pendant les années 1858 et 1859.

La pression moyenne de l'air à Melbourne pour les différents vents est :—

	Pouces.			Pouces.
S.	29·930	N.	29·821
S E.	29 954	N.O.	29·840
E.	29·896	O.	29·854
N.E.	29 878	S.O.	29 885

La portée moyenne de chaque jour de la pression d'air pour Melbourne, qui n'est qu'à 120 pieds, et pour Ballaarat, qui est à 1,437 pieds au-dessus du niveau de la mer, est donnée dans le tableau suivant ; il faut remarquer, tout d'abord, que dans le premier cas les résultats sont déduits d'observations faites en 1858, 1859 et 1860, et dans le dernier cas d'observations faites seulement pendant 1859 et 1860.

Saisons.	Melbourne.	Ballaarat.
	Pouces.	Pouces.
Printemps ...	0·191	0 104
Eté	0·163	0·088
Automne	0·157	0·092
Hiver	0·152	0·098
Année	0·166	0·096

La portée moyenne de chaque jour est la plus grande pour Melbourne en Septembre, et la moindre en Février, en quoi Ballaarat diffère, en ce que la portée la plus grande est en Août, les différences pour ces mois étant 0·056 et 0·032 pouce respectivement.

Pour faciliter la comparaison des variations de la pression de l'air pendant les mois et les saisons aux différentes stations de la Colonie, une table peut conclure les quelques remarques sur ce sujet, comprenant la moyenne de la pression et de la portée mensuelle pour les différentes saisons. Les stations y sont placées d'après leur élévation au-dessus du niveau de la mer, commençant par la moins élevée, et on doit comprendre que dans ce cas, comme dans

tous les faits précédents, aucune correction n'a été faite aux observations d'altitude.

Saisons.	Portland.		Geelong.		Melbourne.		Sandhurst.	
	Pression Moyenne.	Portée Mensuelle.	Pression Moyenne.	Portée Mensuelle.	Pression Moyenne	Portée Mensuelle.	Pression Moyenne.	Portée Mensuelle.
	Pouces.	Pouces.	Pouces.	Pouces.	Pouces.	Pouces.	Pouces.	Pouces.
Printemps	29·965	0·837	29·916	0·8×2	29·875	0·942	29·148	0·816
Eté ...	29·877	0·800	29·850	0·744	29·796	0·842	29·100	0·667
Automne...	30·032	0·850	30·003	0·751	29·946	0·838	29·344	0·603
Hiver ...	30·073	0·883	30·003	0·796	29·969	0·859	29·237	0·740
Année ...	29·987	0·842	29·943	0·793	29·897	0·870	29·207	0·708

Saisons.	Heathcote.		Castlemaine.		Ballaarat.		Beechworth.	
	Pression Moyenne.	Portée Mensuelle.	Pression Moyenne.	Portée Mensuelle.	Pression Moyenne.	Portée Mensuelle.	Pression Moyenne.	Portée Mensuelle.
	Pouces.	Pouces.	Pouces.	Pouces.	Pouces.	Pouces.	Pouces.	Pouces.
Printemps	29·194	0·772	28·957	0·783	28·493	0·780	28·110	0·706
Eté ...	29·109	0·700	28·849	0·738	28·438	0·728	28·062	0·761
Automne...	29·263	0·760	29·023	0·723	28·571	0·769	28·190	0·841
Hiver ...	29·294	0·798	29·048	0·732	28·606	0·755	28·180	0·755
Année ...	29·215	0·758	28·969	0·744	28·527	0·758	28·135	0·766

Nous procédons maintenant à l'examen et à la description des
vents prédominants et particuliers à notre climat.

Les caractères principaux des systèmes de courants d'air dans la
Colonie de Victoria sont indiqués par l'alternation du courant
équatorial et polaire, avec telles modifications qui sont dictées par
les particularités des localités diverses dans lesquelles l'enregistrement de faits météorologiques a été conduit. Près de la mer, les
brises de terre et de mer influencent considérablement le caractère
général des vents, leur fréquence et leur succession relatives.
Comme il est de la plus grande importance, pour la connaisance
complète d'un climat, de savoir la direction moyenne du vent et
la loi des changements qui ont lieu dans la direction des courants
d'air, il ne paraîtra pas superflu d'examiner, d'un peu plus près,
les points principaux sous ces rapports.

La direction moyenne du courant d'air à Melbourne, calculée
d'après les observations faites d'heure en heure pendant l'année
1858–1859, a été trouvée être N. 44° 57′ O., ou aussi près que

possible N.O. ; et pour les différents quartiers la moyenne de la
direction semble être ainsi que suit :—Au printemps, S. 80° 20′ O.;
en été, S. 17° 44′ O. ; en automne, N. 50° 45′ E. ; et en hiver,
N. 14° 31′ O. ; montrant la prépondérance des vents du Nord
pendant l'hiver et l'automne et des vents du Sud pendant l'été et
le printemps. Pour indiquer la fréquence relative des vents pour
les différents points de la boussole, le tableau ci-joint sera utile,
et on doit remarquer que la fréquence des vents de l'Est est prise
comme unité :—

Saisons.	S.	S.E.	E.	N.E.	N.	N.O.	O.	S.O.
Printemps ...	4·1	1·9	1·0	2·8	3·5	2·6	3·5	2·9
Eté	2·5	2·0	1·0	1·4	1·4	0·8	1·6	2·0
Automne ...	2·7	1·5	1·0	2·7	3·0	1·8	2·6	2·3
Hiver ...	2·0	0 8	1·0	6·2	8·4	3·3	4·9	2·6
Année ...	2·8	1 6	1·0	3·3	4·1	2·1	3·2	2·5

Nous remarquerons donc par cette table, d'un seul coup d'œil,
qu'il y a deux minima distincts en fréquence, les vents du N.O.
pendant l'été, et les vents du S.E. pendant l'hiver ; ce qui prouve
que pendant la saison d'été le courant équatorial, et pendant la
saison d'hiver le courant polaire, sont rarement observés.

La force du vent est très variable pendant tout le courant de
l'année, et dépend, jusqu'à un certain point, des vents qui ont pré-
dominé pendant certains mois de la saison ; mais ce qui peut être
donné comme un fait certain, c'est que la force moyenne—exprimée
d'après la notation de Beaufort—est presque la même pour l'hiver
et le printemps (2·57); tandis que pour l'été et l'automne la force
moyenne est 2·43 et 1·73 respectivement. En ce qui a rapport à
la force du vent des différents points de la boussole, le tableau
suivant en fournira une idée :—

Saisons.	S.	S.E.	E.	N.E.	N.	N.O.	O.	S.O.
Printemps ...	2·3	1·9	1·5	1·9	3·4	2 2	2·4	2·9
Eté	2·3	1·5	1·5	1·8	3·5	2·3	2·8	3·0
Automne ...	2·0	1·3	1·0	1·5	2·2	1·3	1·6	2·8
Hiver ...	1·6	1·2	1 0	1 8	3 4	3·1	2 5	3·0

Un fait intéressant en ce qui a rapport à la force du vent est la
courbe des moyennes de chaque heure pour l'année, qui montre les

points tournants à un intervalle d'exactement douze heures ; le vent étant le plus léger généralement à 1h. a.m., et le plus fort à 1h. p.m., montrant une augmentation et une diminution régulière entre ces points.

En ce qui a rapport aux vents dominant dans les autres parties de la Colonie, il paraît, autant que les observations s'étendent, que les différentes stations peuvent être divisées en deux grandes classes, c'est-à-dire, celles où les vents du Sud et du Nord prédominent, et celles où les vents de l'Est et de l'Ouest sont les plus fréquents. Dans la première classe se trouvent Ararat, Ballaarat, Castlemaine, Geelong, Heathcote, Melbourne et Sandhurst ; dans la seconde, Alberton, Beechworth, Camperdown et Portland.

La fréquence relative moyenne du vent pour l'année, dans ces deux classes, paraît être comme il suit ; prenant comme unité dans chaque cas le vent qui se présente le moins fréquemment :—

	S	S.E.	E.	N.E	N.	N O	O.	S.O.
I.	3·5	2·5	1·0	1·5	3·0	2·5	2·5	2·6
II.	1·1	1·0	2·2	1·1	1·6	1·8	2·4	2·5

Les vents d'Ouest sont fréquents par tout le pays et en toutes saisons, et soufflent généralement avec une grande force et dans de grandes rafales. Toutes les stations du pays qui appartiennent à la première classe partagent plus ou moins du caractère de Melbourne en ce qui a rapport aux vents prédominants dans les diverses saisons, comme il est du reste clairement démontré par la table ci-dessus. Beechworth, Camperdown, Alberton et Portland montrent aussi en ce qui a rapport à la fréquence des vents le caractère général du système de deux courants alternatifs ; et les grands vents de l'Est, qui arrivent quelquefois, ne changent pas matériellement ce caractère général.

Tandis que cet état de choses existe le long de la côte et dans l'intérieur du pays, plus loin en mer les vents du S.E. et S.O. prédominent pendant l'été, et pendant la saison d'hiver de grands vents du N.E. au N.O. soufflent avec de fréquents et soudains changements S.O. Par rapport à ce dernier sujet il est intéressant d'apprendre quelque chose des changements plus faits et plus réguliers. La loi sous ce rapport est clairement exprimée par le fait que les changements réguliers ont lieu dans des périods plus longues et plus courtes dans le sens S., E., N., O., S , et si nous appelons révolutions dans cet ordre direct, le nombre de révolutions directes qui ont lieu pendant les diverses saisons est ainsi que suit :—Pendant le printemps, 11·5 ; pendant l'été, 10·4 ; pendant l'automne, 11·3 ; et pendant l'hiver, 7·4. Il est donc évident que c'est pendant l'hiver qu'on doit placer le moins de confiance dans la régularité de motion du gabet, car le nombre de points par lequel il passe est presque aussi grand dans chaque quartier. Les mois de Février, Mai et Août ne montrent qu'une moyenne de 1·5 révolution directe, la moyenne par mois pour toute l'année étant 3·4. En parlant de la loi du changement des vents, il est intéressant de se reporter à la direction moyenne pour les différents quartiers ; par ce moyen nous observerons que la direction moyenne d'un quartier au quartier suivant varie dans le sens que nous appelons direct, puisqu'il change de O. par S. à S. par O., N.E. par E., N. par O., O. par S.

La variation de chaque jour dans la direction du vent montre des caractères remarquables ; et en considérant d'abord la courbe annuelle, nous trouvons que le changement de direction du vent, pendant le jour, est direct et régulièrement progressif, tandis que pendant la nuit il change dans un sens rétrograde. L'amplitude de cette oscillation a une valeur angulaire de 133° 37′, les extrêmes arrivant à 5h. a.m., dans N. 4° 39′ O. et à 6h. p.m. dans S. 42° 4′ O. Pendant les mois de printemps et d'été la valeur de l'amplitude est beaucoup plus grande que la valeur moyenne donnée ci-dessus, tandis que pendant l'automne et l'hiver elle est beaucoup moindre. Une exception se présente en Mars, pendant lequel la courbe de la variation quotidienne dans la direction des courants d'air montre des irrégularités semblables à celles du mois de Septembre, ces deux mois représentant les maxima de la valeur de l'amplitude de chaque jour.

Pour obtenir une idée étendue du caractère général des vents et d'un cycle régulier du temps, l'esquisse suivante sera trouvée utile :—

Quand le baromètre est très élevé, et que la température est comparativement basse, une brise légère souffle généralement du S.E., excepté dans les saisons d'été, où le vent peut être tant soit peu violent de cette direction ; le courant polaire est établi, et le ciel est légèrement couvert de nuages cumulus, la tension de l'électricité positive étant assez élevée. C'est généralement le cas vers le milieu de la nuit. Le matin, le vent tombe à un air léger, le baromètre montre une inclination à descendre, plus de nuages couvrent le ciel, et le vent souffle de l'Est. Mais cet état de choses ne dure pas longtemps. Les stratus cirri et cirro apparaissent dans les régions élevées, dispersés sur la firmament. Le baromètre tombe promptement, tandis que la température augmente peu à peu, et le vent souffle alors avec plus de force du N.E., la tension électrique positive diminue (3·6). Si le vent s'arrête pour quelque temps dans cette direction, comme il arrive dans la saison d'hiver, il est accompagné de pluie fine, de brouillard ou de forte rosée, et il augmente en force. Il tourne le plus fréquemment vers le Nord, et alors il souffle avec une grande violence vers 9h. a.m., soulevant des nuées de poussière. La température est alors beaucoup plus élevée, tandis que la pression de l'air et la tension électrique diminuent, la première à 29·82 en moyenne. Le voile qui est alors étendu sur le firmament devient plus épais, et pendant l'été un vent chaud s'est déclaré par lequel la température s'élève quelquefois jusqu'à 111 dégrés à l'ombre, et l'humidité relative est réduite à 12 pour cent. On peut obtenir de l'électromètre des étincelles éclatantes d'électricité, et l'évaporation spontanée pendant vingt-quatre heures atteint quelquefois le chiffre énorme de 0·632 pouce. La durée d'un vent chaud excède rarement deux jours; ils ne durent généralement que six ou sept heures, et la grande oscillation du gabet vers l'Ouest, la mobilité de la pression de l'air annonce, vers midi, le changement du courant d'air vers le N.O. Le ciel est maintenant couvert de cumulus stratus, montrant encore, cependant, dans les régions élevées le cirro stratus; et l'électricité positive devenant encore plus puissante, entre 3h. et 4h. un calme momentané arrive, après lequel le gabet tourne rapidement au O., O.S.O. et S.O.; des nimbes épaisses couvrent le ciel, et la pluie tombe, d'abord en gouttes épaisses, et ensuite d'une manière régulière. Le mercure, qui avait atteint son minimum lorsque le vent était au N.N.O., monte rapidement, tandis que le thermomètre tombe souvent en moins de dix ou quinze minutes de 15 à 25 dégrés. Quand le vent souffle avec violence du S.O. la pluie tombe en torrents, des éclairs illuminent le firmament, et l'orage rétablit l'équilibre de l'électricité atmosphérique. Avec un vent diminuant de force, et inclinant vers le Sud, le ciel commence à s'éclaircir et le baromètre continue à s'élever jusqu'a ce qu'il arrive de nouveau à son maximum de S.E., avec une température peu élevée; et ayant ainsi accompli la charpente du cycle du temps dans une période de huit à dix jours. Ceci est généralement le cas en été, et les parties les plus proches du printemps et de l'automne; tandis que pendant l'hiver les vents du Nord prédominent, qui, comme il a déjà été dit, après une période de temps calme, avec un baromètre peu élevé, se changent en des vents élevés du O.N O., étant fréquemment accompagnés de grande pluie et de grêle. Les changements soudains dont il a été fait mention sont très dangereux pour le navigateur de la côte, et particulièrement au printemps, où on peut les attendre a quelque distance de la côte vers 8h. p.m.

N'importe quand le vent souffle du N.N.O., ou N.O., le baromètre descendant toujours doit être fréquemment observé, et aussitôt que le mercure devient tranquille, et que le vent semble se calmer, nous devons nous préparer au changement du vent vers le S.O., changement qui a lieu généralement avec une grande violence.

A une plus grande distance de la côte, le temps du changement est plus tard dans la soirée ou de bonne heure le matin.

Comme nous l'avons déjà remarqué, les brises du S.E. sont fréquentes dans la saison d'été, et commencent généralement avec un baromètre assez élevé (29·88), un air léger et variable et des calmes. Au plus haut dégré de la brise le mercure descend tant soit peu et le vent s'abaisse graduellement. La pression de l'air décroissant régulièrement, avec un beau temps, après une brise semblable, doit servir d'avertissement au navigateur ; car aux vents légers du N.N.E. succèdent les rafales de l'Ouest, amenant une pluie torrentielle et des ouragans.

Sur la côte Est de ce continent des brises furieuses et successives ont lieu pendant la saison d'hiver—principalement en Juin et Juillet —de l'Est et de E.S.E. ; elles sont généralement accompagnées de pluies torrentielles et d'inondations, ainsi que d'une pression atmosphérique très basse ; le gabet passe, dans ces circonstances, par S.E., S., et S.O. ; le vent souffle avec une très grande violence, et finit par s'abaisser au N.N O. ou N.O., et le mercure s'élève. L'approche de ces dangereux phénomènes est indiquée par un ciel sombre et menaçant, et souvent par des éclairs éclatants du Nord, la mer tombant en même temps en désordre sur la côte.

Les vents chauds forment un élément important dans l'histoire du climat de la portion Sud du continent Australien, et un calendrier complet de leur rencontre, pendant tout le temps de l'enregistrement systématique des faits météorologiques, a été fait dans les Colonies, et serait du plus grand intérêt ; mais nous devons, pour des raisons particulières, nous abstenir de nous étendre plus longuement sur ce sujet, et terminer cette partie de notre esquisse du climat avec une classification des différentes localités par rapport au nombre de vents chauds qui s'y sont fait sentir :—

Melbourne et Castlemaine ...	... 14	jours de vents chauds.
Sandhurst, Heathcote et Portland ...	11	„
Beechworth, Ararat et Swan Hill ...	8	„
Geelong et Ballaarat ...	... 6	„
Alberton et Camperdown ...	... 3	„

Le nombre moyen des vents chauds pour la Colonie se monte à 8 ou 9 par an. A différents endroits à l'Est du Port Phillip, principalement des vents du S.E. et E. soufflent pendant que les vents chauds se font sentir au Nord, tandis que aux plaines près de Camperdown le vent est de l'Ouest ou S.O.

Après avoir parlé aussi longtemps du caractère du système des vents, en ce qui concerne cette partie du continent, nous pouvons abandonner ce sujet, quant à présent, et passer à un autre sujet du plus grand intérêt, et formant l'élément le plus important du climat d'un pays—la pluie, sa quantité, sa durée et sa distribution dans tout le pays et pendant les diverses saisons. Jetons un regard d'abord sur la tombée de la pluie, telle qu'elle a été observée à Melbourne, et examinons de près ses propriétés particulières, avant d'arriver à la distribution de la pluie dans le reste du pays. La première question que nous devons satisfaire est : la moyenne annuelle de la tombée de la pluie dérivée d'une série d'observations s'étendant sur une période aussi longue qu'il a été possible d'obtenir, et ensuite sur les oscillations de la tombée de la pluie annuelle pendant cette période. La table suivante contient beaucoup de faits utiles et d'une instruction précieuse sur ces sujets :—

Montant annuel de la Pluie tombée à Melbourne, pendant les dernières vingt années.

Année.	Montant en pouces.	Différence du montant de chaque année et la moyenne pour dix-sept années.	Année.	Montant en pouces.	Différence du montant de chaque année et la moyenne pour dix-sept années.
1840	22·57	− 5·47	1851	—	—
1841	30·18	+ 2·14	1852	—	—
1842	31·16	+ 3·12	1853	—	—
1843	21·54	− 6·50	1854	—	—
1844	28·26	+ 0·22	1855	28·21	+ 0·17
1845	23·93	− 4·11	1856	29·75	+ 1·71
1846	30·53	+ 2·49	1857	28·90	+ 0·86
1847	30·18	− 4·05	1858	26·02	− 2·02
1848	33·15	+ 5·11	1859	21·80	− 6·24
1849	44·25	+ 16·21	1860	25·40	− 2·64
1850	26·98	− 1·06			

Il est bien à regretter que des séries d'observations précieuses de 1840 à 1850 qui ont été faites dans cette Colonie, et publiées dans la *Gazette* de New South Wales, aient été interrompues lors de la séparation de Victoria, car nous aurions pu arriver à quelques conclusions quant à la diminution de la pluie ou à sa tombée périodique. Si nous comparons maintenant les faits en notre possession, nous trouvons que la plus grande différence dans la tombée de la pluie pour les dernières six années, de 1855–1860, 26·679 pouces, ne diffère que fort peu de la moyenne de n'importe quelles six années consécutives de 1840 à 1848, mettant de côté l'irrégularité de 1849.

En comparant la tombée de la pluie dans les différentes saisons pendant les périodes 1840–1850, et 1858 à 1860–61, nous arrivons au résultat suivant en ce qui a rapport à la moyenne de la tombée de la pluie pendant chaque saison :—

Saisons.	Pour la Période entre	
	1840–50.	1855–60–61.
	Pouces.	Pouces.
Printemps ...	9·15	7·90
Eté ...	5·34	7·86
Automne ...	7·65	6·46
Hiver ...	7·02	4·94

Nous voyons par cette table que dans les deux périodes la tombée de la pluie au printemps était la plus considérable ; mais il y a une augmentation sensible entre la moyenne de la tombée de la pluie durant l'été, pendant la dernière période et celle de 1840–1850, tandis que d'autre côté il y a une diminution dans les autres saisons.

Des observations sur la durée exacte et l'intensité de la pluie n'ont été faites dans cette Colonie que depuis Mars, 1858, et les résultats donnés sont déduits d'une série d'observations qui ont été faites après cette date. Si nous prenons l'intensité de la pluie pour l'hiver comme égale à 1, nous trouvons que l'intensité pour le printemps, l'été et l'automne est respectivement 1·65, 2·22 et 1·36, et que la moyenne des heures de pluie est pour le printemps 139, pour l'été 129, pour l'automne 105, et pour l'hiver 156. De ces faits il paraîtrait que la moyenne du nombre d'heures de pluie pour l'année est 532 à Melbourne ; et si la pluie était également distribuée pour toute l'année, en durée et en quantité, il pleuverait 1·48 heure par jour à un taux de 0·075 pouce.

Si nous examinons maintenant les rapports entre la pluie, et la nuit et le jour, nous trouverons les faits intéressants suivants ayant rapport à l'intensité relative, la durée et la quantité de pluie. Les valeurs pour ces quantités respectives étant prises pour la nuit comme égales à 1, nous avons pour ces diverses quantités pendant le jour :—

Saisons.	Quantité.	Durée	Intensité.
Printemps	1·4	0·88	1·7
Eté	1·2	1·01	1·3
Automne	1·1	0·85	1·3
Hiver...	1·1	0·80	1·3
Moyennes pour l'Année	1·2	0·88	1·4

Pendant l'année finissant le 28 Février, 1859, la quantité de pluie tombée pendant le jour était 13·668 pouces, et pendant la nuit 10·246 pouces. Pour les deux années suivantes la pluie tombée pendant le jour était respectivement 9·281 et 17·172 pouces, et la tombée pendant la nuit 11·273 et 12·026 pouces; ce qui semble indiquer que cette grande variation dans la tombée de la pluie était due principalement à des averses de jour, en tant que les montants recueillis pendant la nuit, pour chaque année, ne diffèrent que très peu les uns des autres, comparés avec la grande différence dans les quantités du jour.

Il serait précieux de publier ici un calendrier de la tombée de la pluie observée à Melbourne pendant les dernières six années ainsi qu'un examen des inondations; mais comme un tel registre serait probablement trop dispendieux, quelques uns des faits intéressants peuvent suffire.

En 1855, le 29 Décembre, le montant de pluie pendant deux heures et demie était 0·92 pouce.

En 1856, le 23 Septembre, pendant un orage qui ne dura que vingt minutes, la pluie tomba à un montant de 0·920 pouce.

En 1857, le 10 Février, à 7h. p.m., jusqu'au lendemain soir, la tombée de la pluie se monta à 3·420 pouces.

En 1858 les pluies pendant le mois de Décembre furent très

abondantes ; le 19 elles se montaient à 1·623 pouces pour l'après-midi.

En 1859, pendant l'orage qui éclata le 8 Juin, la pluie tomba 0·616 pouce.

En 1860, le 9 Décembre, la pluie se monta pendant vingt heures à 2·586 pouces ; et, en 1861, le 31 Janvier, à 2·370 pouces pendant onze heures.

Avant d'abandonner le sujet de la tombée de la pluie à Melbourne, il y a une question d'une grande utilité qui doit attirer notre attention : c'est-à-dire, de combien l'évaporation spontanée annuelle excède la tombée de la pluie.

Des observations prises à Melbourne pendant les années 1859 et 1860 donnent les résultats suivants :—

Saisons.	Montant de la	
	Pluie.	Evaporation spontanée.
	Pouces.	Pouces.
Printemps	6·940	12·052
Eté	6·412	19·058
Automne	5·146	11·129
Hiver...	5·193	4·271
Année	23·691	46·510

Cette table montre que l'évaporation annuelle, pour les deux années dont il a été fait mention, est près du double du montant de la tombée de la pluie ; qu'au printemps et en automne elle est près du double, et qu'en été l'évaporation est presque trois fois plus grande que la quantité de pluie ; tandis qu'en hiver la pluie est en excédant de l'évaporation. L'évaporation spontanée atteint son maximum en Janvier, se montant à 7·003 pouces, et son minimum en valeur mensuelle, 1·260 pouce, arrive en Juin.

Il nous reste à parler maintenant de la distribution de la pluie dans toute la Colonie ; et comme l'utilité pratique de cette connaissance est très grande, la table des pluies, telle qu'elle a été compilée d'observations de plusieurs années, peut trouver place ici ; et on doit se rappeler que la tombée de la pluie pour toutes les stations (excepté celles dont il a été fait mention spéciale) a été prise pendant la même période, de façon à les rendre comparables, mais dans ce travail il n'a pas été possible d'éviter que le compte-rendu de la pluie pour Melbourne ne différât de celui qui a déjà été donné, par le fait qu'exactement les mêmes périodes ne pouvaient être prises partout.

Moyenne de la tombée de la Pluie pour toute la Colonie, pour la période entre le 1ᵉʳ Mars, 1858, et le 29 Février, 1860, inclusivement.

Saisons.	Stations.										
	Ballaarat.	Camperdown.	Castlemaine.	Echuca.	Geelong.	Heathcote.	Melbourne.	Lac Burrumbeet.	Port Albert.	Portland.	Wimmera.
	Pou.	Pou.	Pou.	Pou.	Pou.	Pou.	Pou.	Pou.	Pou.	Pou.	Pou.
Printemps ...	6·10	7·80	4·18	5·25	4·65	4·57	6·52	9·38	7·49	6·70	4·98
Eté ...	4·64	4·23	5·90	4·33	4·22	5·24	7·12	4·56	6·86	3·16	2·66
Automne ...	5·25	5·38	4·94	4·45	2·34	5·83	3·43	9·42	—	6·76	5·34
Hiver ...	6·75	9·96	5·06	3·41	5·38	6·16	5·47	4·82	7·96	11·91	3·08
Année...	22·74	27·37	20·08	17·44	16·59	21·80	22·54	28·18	—	28·53	16·06

Comme une série complète d'observations de la tombée de la pluie à Wimmera et Echuca était préparée pour la période donnée plus haut, les années 1859 et 1860 ont été données pour les deux premières stations, ce qui pouvait être fait sans changer matériellement l'objet principal de cette table, c'est-à-dire, le montant comparé de la pluie pour le pays, en ce sens que 1858 et 1860 correspondent de très près quant au montant des pluies enregistrées. Pour Burrumbeet en n'a pu rendre compte que d'une année.

La fréquence du brouillard et de la rosée à Melbourne pour les différentes saisons et l'année, exprimées en moyennes derivées de trois années 1858–59–60, est indiquée dans la table suivante, ainsi que le montant de la pluie tel qu'il a été donné plus haut, qui peut être répété pour faciliter la comparaison :—

Saisons.	Nombre moyen d'heures de		
	Brouillard.	Rosée.	Pluie.
Printemps	13	154	139
Eté	10	129	129
Automne	10	188	105
Hiver...	108	243	156
Année	141	714	529

En ce qui concerne une autre série de phénomènes ayant rapport à la tombée de la pluie, c'est-à-dire, les orages, les ouragans et l'état électrique de notre atmosphère, généralement parlant, quelques mots peuvent être ajoutés.

D'après une analyse faite avec soin de tous les enregistrements qui ont été faits dans toute la Colonie, il paraît que la moyenne du nombre d'orages qui ont éclaté dans la Colonie de Victoria est de seize, qui sont répartis pour l'année de la manière suivante : cinq pendant le printemps, six pendant l'été, trois pendant l'automne et deux pendant l'hiver. Les différentes localités peuvent être classées en quatre groupes, dont le premier avec vingt-six orages comprenant Ararat, Beechworth et Melbourne ; le second avec dix-neuf pour Camperdown, Heathcote et Alberton ; le troisième avec treize pour Ballaarat, Sandhurst, Castlemaine et Portland ; et le quatrième avec trois seulement pour Geelong et Swan Hill ; ce dernier résultat étant moins certain, n'étant dérivé que d'une année d'observations il est très probablement moindre qu'il ne serait si les observations avaient été faites pendant un plus long intervalle. Ces orages sont extrêmement sévères et sont accompagnés de pluies torrentielles. En plus de ces décharges électriques, des éclairs sont vus fréquemment à de courts intervalles, et d'après les enregistrements qui en ont été faits il paraît que le nombre des jours où des éclairs ont été observés, est de trente-cinq, répartis ainsi que suit : douze pendant le printemps, huit pendant l'été, huit pendant l'automne et sept pendant l'hiver. Un fait particulièrement intéressant est que dans les mois d'Août et de Septembre les éclairs globuleux sont plus fréquents, pour les parties Sud du continent et les mers adjacentes.

Des grains de grêle arrivent principalement pendant le printemps et à la fin de l'hiver (bien qu'on puisse s'attendre à ces phénomènes, même pendant l'été), et ils sont le plus fréquents à Camperdown, la moyenne pour les deux années se montant à neuf ondées ; tandis que Beechworth en compte six ; Ballaarat, Heathcote et Portland cinq ; Melbourne et Swan Hill quatre ; Ararat, Castlemaine et Sandhurst trois ; et Port Albert un seulement.

L'enregistrement d'heure en heure de l'électricité atmosphérique, qui a été fait à l'observatoire du " Flagstaff," avec l'électromètre de Quetelet, donne les résultats suivants, après une continuation de trois années :—

Saisons.	Tension moyenne Electricité Positive.	Nombre moyen d'enregistrements de	
		Electricité Négative.	Pas d'électricité.
	Parties.		
Printemps	3·12	159	186
Eté	2·64	242	248
Automne	2·89	117	153
Hiver	3·40	71	148
Année ...	3·01	589	735

La tension positive, étant l'état normal de l'électricité atmosphérique, a sa valeur la moins élevée dans les mois de Février et de Novembre, et la plus élevée dans les mois de Juin et de Septembre, la portée de la moyenne mensuelle étant de 1·17 parties de division de l'électromètre mentionné ci-dessus. La tension électrique est principalement négative pendant les vents chauds, lorsque des nuées de poussière flottent dans l'air; et pendant les pluies abondantes. Dans ces derniers cas la tension négative est souvent si forte que des étincelles éclatantes peuvent être obtenues de l'instrument.

La collation des observations sur la tension de l'électricité positive atmosphérique, donne les résultats suivants en ce qui a rapport aux moyennes pour les heures paires pendant l'année; montrant une amplitude de chaque jour de deux à trois parties d'une division, les points tournant de cette tension étant 8h. a.m. et 3h. p.m.

			Parties.				Parties.
Minuit	...	...	2·97	Midi	...	...	2·13
2h. A.M.	...	...	2·54	2h. P.M.	...	...	2·72
4h. „	..	...	2·64	4h. „	...	...	1·92
6h. „	...	...	3·41	6h. „	...	...	3·03
8h. „	...	...	4·17	8h. „	...	...	3·52
10h. „	...	...	2·84	10h. „	...	...	3·36

Bien que des observations sur la réaction ozonique aient été faites aux diverses stations de la Colonie, leur série est encore trop imparfaite pour admettre une analyse dans la vue d'illustrer les particularités des différentes localités par rapport à cet intéressant quoique quelque peu mystérieux élément. Pour Melbourne on a trouvé que la réaction ozonique est moins grande avec les vents de l'Est, augmente tant soit peu avec les vents du Nord et Nord-Ouest, et atteint son maximum quand le vent vient du Sud-

Ouest, décroissant graduellement à mesure qu'il se rapproche de l'Est.

Par rapport aux saisons et à la nuit et au jour, le montant d'ozone montre au moyen du papier réactif de Schönbein :—

Saisons.	Réaction Ozonique.		
	Jour.	Nuit.	Moyenne.
Printemps	2·81	4·00	3·40
Eté	2·55	3·22	2·88
Automne	3·73	4·03	3·88
Hiver	3·55	4·19	3·87
Année	3·16	3·86	3·51

Il paraît aussi qu'il y a une variation distincte dans le courant du jour dans la quantité d'ozone, en plus de ce qui a déjà été montré par les enregistrements de jour et de nuit. Des papiers réactifs exposés pendant six heures donnent :—

Entre six heures du matin et midi ... ... 1·59
Entre midi et six heures du soir ... ... 1·63
Entre six heures du soir et minuit ... ... 1·58
Entre minuit et six heures du matin ... ... 1·70

du papier réactif de Schönbein. Il paraît qu'entre six heures et neuf heures du soir le montant est le moindre, et entre six heures et neuf heures du matin le plus élevé.

En ce qui a rapport à la quantité de nuages dans tout le pays dans le cours de l'année, les différentes localités peuvent être divisées en deux groupes : le premier comprenant toutes les stations dans lesquelles le montant moyen pour l'année est plus grand ou couvre plus de la moitié du firmament ; et le second comprenant toutes celles dont le montant est moins de la moitié.

Dans le premier groupe sont classés Ballaarat, Camperdown, Geelong, Melbourne, Portland et Port Albert, la moyenne annuelle pour ce groupe étant 5·61.

Dans le second, Beechworth, Castlemaine, Heathcote et Sandhurst, avec une moyenne annuelle de 3·69.

La distribution proportionnelle des nuages dans les différentes saisons est presque la même dans toutes les stations, ainsi que suit : Printemps, 4·96 ; été, 4·27 ; automne, 4·71 ; hiver, 5·42 ; ce qui donne une moyenne annuelle de nuages de 4·84.

Il paraît, d'après plusieurs années d'observations, que Camperdown montre un maximum, sous ce rapport, pour la Colonie, tandis que Castlemaine et Sandhurst paraissent être les localités les plus dégagées.

D'après les moyennes annuelles en quantités de nuages pour chaque heure du jour à Melbourne, nous savons que le minimum est à 9h. du soir, et le maximum à 7h. du matin, étant 5·13 et 6·51 respectivement ; et de plus, que la quantité pendant le jour excède tant soit peu celle de la nuit, se montant pour le jour à 5·9, tandis que pour la nuit il ne se monte qu'à 5·5.

Une singularité de notre firmament qui le rend très défavorable à certaines observations astronomiques—comme, par exemple, les observations photométriques—est ce voile léger qui s'étend si fréquemment sur le firmament avant ou pendant les jours de vent du Nord, sa délicatesse étant si grande qu'il est souvent impossible de le remarquer à l'œil nu ; et alors un cercle lumineux autour du soleil ou de la lune indique sa présence. Pour donner une idée de sa fréquence, le nombre de cercles lumineux distribués sur toute l'année, d'après les observations faites à Melbourne pendant 1858 et 1859, est pour le printemps dix-sept, pour l'été vingt-six, pour l'automne vingt-quatre, et pour l'hiver vingt-six ; les mois pendant lesquels ils se présentent le moins souvent sont Août et Septembre, tandis qu'ils sont le plus fréquents en Juin. Le fait que le cercle lumineux autour du soleil échappe si facilement à l'attention, lorsqu'il est peu sensible, fait que le nombre de jours pendant lesquels on peut le remarquer sont si peu nombreux.

Le rapport entre les cercles autour du soleil et de la lune et l'apparence de l'aurore ainsi que des orages magnétiques, etc., a été très grandement soutenu, et sans chercher à décider ce point dans ce travail, quelques faits se rapportant à ce sujet peuvent trouver une place ici.

Pour trois années d'observations sur les troubles magnétiques et les aurores, il paraîtrait que ces phénomènes sont répartis pendant l'année de la manière suivante :—

	1858.	1859.	1860.
De Janvier à Avril	20	20	20
De Mai à Août	19	33	14
De Septembre à Décembre... ...	11	25	8
	50	68	42

Si nous substituons pour les observations de 1858, de Janvier à Mai, le nombre de jours de troubles pendant les années 1859 et 1860, nous voyons par le tableau précédent que 1859 est fortement représenté sous ce rapport ; et il sera familier à ceux qui ont été témoins des aurores australes en Août et Septembre de cette année, que l'éclat de ces phénomènes excédait de beaucoup tout ce qui avait été observé précédemment dans cette partie du monde.

Les moyennes de jours troublés pour chaque mois tendent à prouver, au moins pour la période dont il est fait mention, que le nombre le moins grand d'orages magnétiques était en Mai et November (2), tandis qu'en Août (8, 3) est représenté comme le maximum en ce qui a rapport à ces phénomènes.

Quelques mots seulement sur les oscillations de chaque jour dans la déclinaison magnétique. Il est presque impossible de donner les valeurs angulaires, autrement qu'approximativement, sans entrer dans une longue analyse, parcequ'elles diffèrent considérablement pour les différentes années, atteignant leur maximum en 1859. Mais comme cela peut être utile aux géomètres pratiques en faisant leurs réductions pour les variations de chaque heure dans la boussole, nous donnons ici les valeurs moyennes pour la courbe d'oscillation.

La déclinaison magnétique (variation de la boussole) atteint son minimum pour le jour peu de temps après neuf heures du matin ; elle augmente alors rapidement jusqu'à deux heures vingt minutes, heure à laquelle elle atteint son maximum ; après quoi elle decroît rapidement jusqu'à six heures, puis de là lentement jusqu'à une heure du matin, après quoi elle augmente peu à peu jusqu'à quatre heures du matin, puis elle tombe à son minimum.

Les corrections qui doivent être faites pour ramener la boussole à son action moyenne pour le jour, sont données ici approximativement, pour les heures paires :—

Minuit...	...	— 0·9'	Midi...	...	+ 0·8'
2h. A.M.	...	— 0·4'	2h. P.M.	...	+ 4·3'
4h. „	...	+ 0·2'	4h. „	...	+ 3·1'
6h. „	...	— 0·7'	6h. „	...	+ 0·7'
8h. „	...	— 3·2'	8h. „	...	+ 0·1'
10h. „	...	— 3·6'	10h. „	...	— 0·6'

Comme la plus grande partie de ces aperçus est basée sur des observations prises pendant 1858, 1859 et 1860, nous donnons ici les valeurs des éléments magnétiques telles qu'elles ont été déterminées pour la moitié de cette période :—

Pour la période entre le 1er et le 7 Juin, 8° 30·5' Déclinaison Est.

et ... ... 2·3622 { (unit de Gauss) Force horizontale.

L'inclination fut déterminée le 1er Avril, et elle se montait à 67° 8′ Sud.

Sans entrer dans une analyse des phénomènes de magnétisme terrestre particuliers à ce pays, ce qui serait par trop dévier de l'intention de ce travail, il doit suffire de donner ici la déclinaison magnétique pour les différentes parties de la Colonie, au moins celles qui sont de la plus grande utilité pratique :—

Ballaarat ...	...	8° 7′ E.	Longenong ...	7° 33′ E.
Belfast ...	...	7° 36′ E.	Melbourne (Nouvel Obser-	
Blackwood	...	8° 43′ E.	vatoire) ...	8° 40′ E.
Camperdown	...	7° 41′ E.	Moonpool	7° 33′ E.
Cressy ...	...	8° 3′ E.	Pine Plains ...	7° 26′ E.
Cummins ...	...	8° 36′ E.	Pitfield	8° 7′ E.
Euston Pound	...	7° 18′ E.	Portland	7° 31′ E.
Footscray ...	...	8° 32′ E	Queenscliff ...	8° 56′ E.
Geelong ...	...	9° 0′ E.	Swan Hill ...	7° 43′ E.
Glenorchy ...	...	7° 54′ E.	Warrnambool ...	7° 55′ E.
Greenhills ...	...	8° 19′ E.	Wimmera... ...	7° 46′ E.
Lac Hindmarsh (N.)		7° 24′ E.	Yellanjip ...	7° 18′ E.
Petite Rivière	...	8° 32′ E.		

A ces quelques faits du magnétisme terrestre peuvent être ajoutées quelques remarques sur un autre sujet qui, bien qu'il n'ait pas rapport strictement parlant à la géographie physique de ce pays, n'en est pas moins rempli de tant d'intérêt, qu'elles seront reçues avec plaisir par tous ceux qui sont intéressés à l'avancement de la science. C'est avec quelques remarques sur l'apparence périodique de météores ou d'étoiles filantes que nous désirons terminer cette courte esquisse. Presque rien n'est encore connu au sujet de la période d'étoiles filantes dans l'hémisphère du Sud ; et quelques faibles observations sur ce sujet étaient insuffisantes pour décider cette question : les périodes de plus grande fréquence de météores pour l'hémisphère du Sud, sont-elles identiques avec celles de l'hémisphère du Nord ; et les points de rayonnement d'ou ils émanent correspondent-ils dans les deux hémisphères ? Seize cents météores ont été enregistrés à l'observatoire du "Flagstaff" pendant les dernières quatre années, au moyen desquels nous sommes à même de répondre, au moins en partie, aux questions qui ont été posées.

La courbe annuelle pour la fréquence des météores ressemble, sous quelques rapports, à celle qui a été décrite pour l'hémisphère du Nord, et la série suivante en donnera le caractère général. Les chiffres dénotent la moyenne du nombre des météores vus pendant une heure dans chaque mois :—

Janvier	...	... 2·9	Juillet	...	... 3·20
Février	...	... 1·84	Août	...	... 3·16
Mars	...	... 1·56	Septembre ...		... 2·67
Avril	...	... 1·37	Octobre	...	... 3·01
Mai	...	... 2·7	Novembre ...		... 2·21
Juin	...	... 3·03	Décembre ...		... 2·9

Ni en ce qui a rapport à la grande période d'étoiles filantes en Août, ni en ce qui a rapport à celle de Novembre, l'hémisphère du Sud ne correspond à celui du Nord, en tant que à ces deux époques peu de météores sont visibles ; tandis que dans l'hémisphère du Nord la période entre le 26 Juillet et 1er Août, est remarquable comme une de celles où le plus de météores sont visibles, bien que généralement ils ne soient pas très brillants. Les autres époques do l'année pendant lesquelles on observe fréquemment des étoiles filantes sont :—

Entre le 25 et le 27 Janvier.
Entre le 2 et 10 Juin.
Entre le 2 et 4 Juillet.
Entre le 13 et 18 Août.
Entre le 31 Août et le 4 Septembre.
Entre le 11 et le 13 Décembre.
Entre le 23 et le 25 Décembre.

Le nombre de ces périodes sera encore sans aucun doute réduit.

Comme points de rayonnement on peut faire mention, quoique leur position puisse être changée tant soit peu par l'analyse, des observations qui ont déja été faites, de ceux qui suivent :—

Dans le 37° déclinaison Sud et 13h. 50m. ascension droite.
Dans le 51° déclinaison Sud et 9h. 45m. ascension droite.
Dans le 62° déclinaison Sud et 6h. 0m. ascension droite.

ESQUISSE

SUR

L'HISTOIRE NATURELLE,

ANCIENNE ET MODERNE,

DE

LA COLONIE DE VICTORIA.

PAR

FRÉDÉRIC McCOY,

Professeur de Sciences Naturelles à l'Université de Melbourne; Directeur du Musée National de Victoria, etc.

LE caractère le plus extraordinaire de la Faune Moderne (ou groupe général des animaux vivants) d'Australie, est l'apparence d'isolement des types habitant les autres parties du monde, produite par le grand nombre d'espèces appartenant à des genres qui ne se rencontrent dans aucun autre pays, et par une large proportion d'espèces qui, non seulement appartiennent à des genres particuliers au pays, mais encore dont les groupes génériques sont fréquemment distincts du même genre d'animaux habitant des latitudes similaires, vivant des mêmes moyens et exerçant les mêmes fonctions essentielles ailleurs, par des caractères d'une telle importance qu'ils indiquent des familles, des races et de nouveaux ordres qui ne se trouvent pas ailleurs; et quelquefois même donnent les seuls exemples d'un éloignement extraordinaire du plan général anatomique sur lequel tous les autres animaux sont formés. Un point du plus haut intérêt, à constater avec l'aide de la Palæologie, est de remonter, dans l'histoire de la terre, à la date de cet isolement; et sur ce point je me propose d'offrir quelque remarques préliminaires, l'espace assigné pour les observations sur l'histoire naturelle ancienne et moderne de Victoria ne me permettant pas d'entrer dans des détails spécifiques étendus.

Presque tous les grands travaux géologiques attirent l'attention vers ce fait, que dans les rocs oolitiques d'Angleterre des os et des dents sont trouvés indiquant l'existence précédente d'animaux masurpiaux, ou à poche, de la même famille que les *Perameles* d'Australie et le *Myrmosobius* de l'Australie Sud : de tels types de construction générale n'existant maintenant individuellement dans aucune autre partie du monde que l'Australie, et ces os fossiles près d'Oxford sont accompagnés de myriades de coquillages de mer du genre *Trigonia*, un genre qui n'existe maintenant que dans les mers d'Australie, où quatre espèces ne sont pas rares. De tels faits sont reçus communément comme indiquant une continuité, jusqu'à ce jour en Australie, de la faune qui disparut du reste du monde à la fin de la période mésozoique ; et cela augmentant encore la croyance que l'Australie était le pays le plus ancien en existence, étant resté comme terre ferme, au-dessus du niveau de la mer, pendant une période correspondant à celle pendant laquelle les formations mésozoiques et cainozoiques furent déposées sur le reste du monde. Je suis à même d'affirmer qu'il n'y a aucune raison suffisante pour soutenir cette théorie, d'après la grande quantité de fossiles que j'ai examinés dernièrement comme Palæologue de l'Inspection Géologique de Victoria, et sur des preuves de cette espèce je puis fournir une esquisse des anciens changements successifs de vie organique dans ce pays.

PÉRIODE PALÆOZOIQUE, OU COMMENCEMENT DE VIE.

Je puis affirmer maintenant que les rocs Azoiques furent suivis dans la Colonie de Victoria exactement comme dans le Pays de Galles, la Suède, l'Amérique du Nord et d'autres parties du monde dans l'hémisphère du Nord, par une série de rocs renfermant des restes fossiles de genres bien connus, et même des types spécifiques de vie animale qui caractérisent ces couches si anciennes, et renfermant tant de fossiles qui sont appelés Siluriens par Sir R. Murchison et Cambriens par Monsieur le Professeur Sedgwick. Dans les schistes, au Nord de Melbourne, qui contiennent les veines aurifères des mines d'or, j'ai reconnu une abondance de doubles graptolites, pour lesquels j'avais proposé autrefois le genre *Diplograpsus*, si caractéristique des couches de cette époque ; et de plus, je n'ai trouvé, de ce genre, ancune espèce particulière ou nouvelle, mais au contraire les formes identiques si abondantes dans l'hémisphère du Nord; ainsi les espèces distribuées en plus grande quantité et le plus largement appartiennent au genre *Diplograpsus pristis*, tout-à-fait identiques avec les spécimens qui se présentent dans les schistes de l'Ecosse, du Pays de Galles, de l'Irlande, de la Bohême, de la Suède, de New York, et du Canada; le genre le plus commun après celui qui précède est le *D. mucronatus* de Hall, si abondant dans les schistes Utiques de New York, et que j'ai aussi reconnu dans les schistes des Comtés d'Ayr et de Radnor; le *D. rectangularis* (McCoy) vient ensuite comme l'espèce la plus commune dans Victoria, mais elle est tout-à-fait différente de celle que j'ai décrite des schistes du Comté de Dumfries; le *D ramosus* (Hall), décrit par le Palæologue Américain des "schistes utiques" près d'Albany, mais que j'ai aussi trouvé en Ecosse, est aussi représenté par des spécimens bien conservés dans le Musée National de nos couches, quoiqu'il soit une espèce plus rare que les autres. Les formes appelées *D. folium* et *D. bicornis* en Europe et en Amérique, se présentent aussi. Je puis identifier, en grande profusion, dans diverses localités au Nord de Melbourne, le double graptolite à formes de feuilles allié au *D. folium* de Hisinger et au *D. ovatus* de Barrando, de ces anciens lits en Suède et en Bohême dont Monsieur le Professeur Hall a dernièrement formé le sub-genus *Phyllograptus ;* les espéces *P. typus*, qu'il décrit comme si abondantes dans de semblables schistes du Canada dans les Décades sur la Palæologie préparées par lui pour illustrer cette portion de l'Inspection Géologique du Canada par Sir William Logan; et elles se présentent dans la Colonie de Victoria sous toutes les formes diverses qu'elles revêtent en Amérique. Pour les graptolites-jumeaux, pour lesquels je proposai le genre *Didymograpsus* (caractéristique aussi de couches au-dessous du Silurien supérieur), nous avons dans la Colonie de Victoria le *D. serratulus* (Hall) identique avec celui des schistes de New York, le *D. caducus* (Salter) identique avec des spécimens Canadiens; la variété *D. denticulatus* est aussi très commune, et le *D. furcatus* (Hall) identique avec le "schiste utique" de New York, dont quelques espèces se rencontrent aussi, mais plus rarement. Ainsi que des espèces composées de *Graptolites gracilis* (Hall) exactement

pareilles aux formes de New York et du Canada, et, ce qu'il y a
de plus curieux encore, nous avons un grand nombre de ces
formes rayonnantes, mélange extraordinaire, le *Graptolites Logani*
(Hall), *G. quadribrachiatus* et *G. octobrachiatus* (Hall), tout
dernièrement découvertes en abondance au Canada, et particulières
à ce pays, si ce n'est par l'annonce actuelle de leur présence dans
la Colonie de Victoria. Quant au simple graptolite ou douteux
graptolites-jumeaux, j'ai aussi déterminé le *Graptolites Ludensis*
(Murchison), *G. tenuis* (Portlock), *G. latus* (McCoy) et *G. sagit-
tarius* (Hisinger), comme se présentant dans diverses localités,
dans un rayon de cent miles au Nord de Melbourne, en grande
abondance sous des formes bien conservées, et identiques sous
tous les rapports avec des spécimens des mêmes espèces qui se
trouvent dans des schistes semblables dans le Pays de Galles, en
Ecosse et en Irlande. Dans la Colonie de Victoria, comme dans
la plupart des localités graptolites d'Europe et d'Amérique, les
schistes contenant une grande quantité de ces matières ne contiennent fréquemment aucuns restes organiques de mollusques ;
une des exceptions à cette règle se présente dans le schiste
graptolite noir de Pen Cerrig, près Builth, dans le Comté de
Radnor, où j'ai découvert, en 1851, avec les graptolites *Diplograpsus mucronatus* et *D. pristis*, une immense profusion de petits
coquillages brachiopod, que j'ai fait connaître sous le nom de
Siphonotreta micula. Les géologues d'Europe seront en général,
j'en suis certain, aussi surpris que je le fus lorsque je reconnus
exactement les mêmes graptolites accompagnés par les mêmes
petites coquilles brachiopod dans de semblables schistes noirs à
la section du "Deep Creek" (Ravin Profond) au Nord de Melbourne. Dans beaucoup d'autres localités avoisinantes j'ai reconnu
tant de fossiles de Bala et de Snowdon que j'ai suggéré à l'Inspection Géologique de faire la carte des lits de Bala, et leurs
représentations évidentes du grès de Mayhill qui les recouvrent ;
mais pour nous en tenir aux détails, que nous faisons connaître,
du contenu des lits de graptolites, nous avons la preuve extraordinaire de *l'identité spécifique* de la *Faune marine dans toute
l'étendue du monde* pendant la plus ancienne période palæozoique ;
ceci avait déjà été reconnu sur une immense étendue de l'hémisphère du Nord, mais leur extension à l'hémisphère du Sud ne
peut manquer de soulever des observations géologiques du plus
haut intérêt. Je fais donc maintenant la première annonce posi-

tive, basée sur des identifications spécifiques, de l'existence d'une formation silurienne supérieure dans l'hémisphère du Sud, et les géologues apprendront avec intérêt qu'au crique de Broadhurst, dans la Colonie de Victoria, les rochers sont remplis exclusivement d'une profusion de spécimens du Wenlock Shale Trilobite, le *Phacops* (*Odonchile*) *longicaudatus*, si abondant à Cheney Long-ville, Comté de Salop, ainsi que dans d'autres localités où se rencontre Wenlock Shale en Angleterre; et les tranchées dans Johnston-street à Melbourne nous ont fournis l'*Orthoceras bulla-tum*, si abondant comme roc fossile dans le Pays de Galles. Nous pouvons aussi faire connaître, pour la première fois, le fait extra-ordinaire de l'identité spécifique des habitans des mers des points les plus éloignés les uns des autres dans les hémisphères du Nord et du Sud, pendant cette seconde grande époque géologique de l'histoire zoologique de la terre.

PÉRIODE PALÆOZOIQUE SUPÉRIEURE.

Messieurs les Professeurs Morris, Dana et moi-même avons, il y a quelque temps, fait remarquer une grande mais plus générale ressemblance entre les rocs palæozoiques supérieurs au-dessous des gisements houilliers des Nouvelles Galles du Sud et de la Tasmanie et la partie inférieure de la formation des pierres calcaires carboni-fères du monde ancien (il n'y avait eu jusqu'alors aucune indentifi-cation pour prouver l'existence en Australie de formations inter-médiaires Devoniennes ou moyenne palæozoique). Ici nous avons l'extinction du caractéristique des Tribolites, Graptolites, Corails et Mollusques, marquant les époques Cambriennes et Siluriennes en Europe et en Amérique du Nord de même que dans la Colonie de Victoria, à la fin de ces périodes qui se présentent dans l'hémi-sphère du Sud d'une manière synchrone avec ce grand changement dans la moitié Nord du monde, et les nouveaux genres de créations indiquant la période palæozoique supérieure, et leur succédant également à ce quatrième grand pas dans les changements créateurs de la terre en Australie comme aux antipodes. Ainsi, parmi la classe importante, palæologiquement parlant, des crus-tacés, les genres *Phacops, Odontochile, Portlockia, Calymene* et

Berychia, qui abondent dans les roches palæozoiques inférieures de Victoria comme dans le Pays de Galles, sont remplacés par *Phillipsia*, *Brachymetopus* et *Bairdia*, genres crustacés distinguant d'une façon caractéristique les rocs carbonifères, en Angleterre et en Russie, de couches plus anciennes de roches palæozoiques inférieures; et même parmi les mollusques brachiopodes, de nombreuses espèces du genre *Producta* séparent d'une façon caractéristique, et observée d'un seul coup d'œil, les formations carbonifères d'Europe et d'Amérique des roches palæozoiques inférieures, et exactement la même date géologique indique la présence de cette même espèce dans les roches de Victoria. De même, dans le royaume végétal, le période palæozoique supérieure carbonifère est distincte, d'une manière frappante, des dépôts palæozoiques inférieurs par les différentes sections du genre *Lepidodendron* et de ses nombreuses espèces. Je suis heureux d'être à même d'annoncer que, dans la Colonie de Victoria, cette période est également marquée par un district important, ayant reconnu des espèces d'une des sections de *Lepidodendron* dans un bloc de grès recueilli (sans autres fossiles) par Monsieur McMillan, de la chaîne des Avons dans la terre de Gipps. Ce fossile est de la même espèce que la seule plante houillière palæozoique qui ait jamais été recueillie dans les Nouvelles Galles du Sud, où elle fut trouvée par le regrettable Leichardt près des frontières de Queensland sur la rivière Manilla, à plus de deux cents miles Nord de localités qui présentent les plantes associées avec les houilles de Hunter et autres parties des Nouvelles Galles du Sud (et que je crois être mésozoique), et fut donnée par lui au Révérend Monsieur W. Clarke de Sydney, qui me l'envoya il y a environ douze ans de façon à la déterminer, pendant la controverse au sujet des gisements houilliers de Newcastle (Nouvelles Galles du Sud), en qu'elle circonstance je prononçai avec confiance qu'elle provenait non seulement d'un véritable gisement palæozoique, mais encore qu'elle ne venait d'aucun des gisements en question. Et sur ce point je vois maintenant que j'étais dans le vrai.

Cette identification d'une véritable flore carbonifère palæozoique, dans la terre de Gipps, sera d'un grand intérêt pour mon ami Sir Charles Lyell, ainsi que pour d'autres géologues, à cause de l'ingénieuse théorie qu'elle suggéra pour réconcilier les difficultés qui s'élevaient, en ce que Monsieur le Professeur Morris et moi avions indiqué les rapports qui existaient entre les gisements houilliers des Nouvelles Galles du Sud et les dépôts houilliers mésozoiques d'Europe, et que nous étions d'accord en ce que les lits marins qu'ils recouvraient étaient certainement des carbonifères palæozoiques ; tandis que le Révérend Monsieur Clarke persistait dans son opinion qu'ils étaient tous du même âge. La théorie était celle-ci : qu'il était possible qu'en raison de l'immense distance géographique entre l'Australie et les sections typiques et l'Europe, les plantes de la terre pouvaient avoir été celles de la période oolitique, tandis que la mer pouvait avoir contenu les hôtes vivants caractéristiques des temps palæozoiques. Je combattis cette théorie lorsqu'elle fut émise, en faisant remarquer que de semblables plantes carbonifères mésozoiques existaient à Richmond (Virginie), à peu de distance de la flore carbonifère la plus commune d'autres gisements houilliers Américains, toutes deux éloignées des sections typiques d'Europe des deux flores carbonifères, mais néanmoins distinctes. Rien ne peut, néanmoins, surpasser l'intérêt géologique qui doit s'attacher à la publication que je suis à même de faire : que la première apparence de végétation terrestre, dans les temps les plus reculés de l'époque palæozoique supérieure, a été formée exactement du même type que celle de la même époque dans l'hémisphère du Nord ; et maintenant je puis faire un pas de plus dans la comparaison entre l'histoire naturelle ancienne et moderne de Victoria et celle des antipodes, et montrer que l'identité extraordinaire de la faune marine des deux hémisphères, pendant les périodes palæozoiques, était aussi grande, en ce qui avait rapport aux productions de la terre ferme qui surgit à la même époque en Australie, que la plus grande partie de la terre ferme en Europe et en Amérique.

PÉRIODE MÉSOZOIQUE.

La preuve de formations mésozoiques en Australie, qui ne reposait, jusqu'à tout dernièrement, que sur les caractères des plantes fossiles associées aux gisements houilliers des Nouvelles Galles du Sud et de la Tasmanie, a été matière à de nombreuses controverses. Cette preuve de plantes est maintenant beaucoup plus certaine que jamais, car j'ai eu des opportunités d'examiner avec soin les plantes fossiles associées aux gisements houilliers de Victoria au Cap Patterson et à Bellerine, et en ce qui a rapport à cette Colonie je puis maintenant répéter expressément les arguments dont je me servis il y a quatorze ans, lorsque j'écrivis sur les plantes associées aux gisements houilliers des Nouvelles Galles du Sud et de la Tasmanie,* c'est-à-dire, que tous les genres et quelques unes des espèces étaient étroitement alliés ou identiques à ceux des gisements houilliers mésozoiques, et que *tous les genres caractéristiques de houilles palæozoiques, tels que Calamites, Lepidodendron, Sigillaria, Stigmaria, etc.*, étaient tout-à-fait absents, mais je puis ajouter maintenant le fait important que le *Pecopteris Australis* (certainement identique à des espèces Indiennes des gisements du Rajmahal), ainsi que le *Phyllotheca* et d'autres plantes bien connues associées aux gisements de Nouvelles Galles du Sud, de la Tasmanie et de Victoria, sont associées avec de nombreux genres, espèces et même familles de plantes tout-à-fait caractéristiques de l'Era mésozoique et d'époques (en comparaison de plus anciennes) plus récentes. Ainsi j'ai reconnu quatre espèces fort distinctes de Zamites dans les gisements de Bellerine, une seule était rare (le *Z. ellipticus,* ainsi nommé pour ses feuilles larges et ovales), les trois autres étant abondantes : parmi ces dernières l'espèce la plus marquée est le *Zamites Barklyi,* que j'ai dédié à Son Excellence le Gouverneur en commémoration du vif intérêt qu'il a pris à la géologie de la Colonie, et une autre espèce, le *Zamites longifolius* (McCoy), a été observée également dans les gisements des Nouvelles Galles du Sud. Aucune plante *Cycadeous* n'a été trouvée dans les véritables gisements palæozoiques. J'ai aussi reconnu une espèce de *Tæniopteris* presque identique avec le *T. vittata* des gisements du Comté de York (Scarborough), et qui a été décrite dans un travail présenté à la Société Royale de Victoria sous le nom de *Tæniopteris Daintreei,* du nom de la personne qui la première le recueillit des roches associées aux gisements houilliers du Cap Patterson, et elle se présente aussi communément dans les autres gisements houilliers mésozoiques près Melbourne, aux montagnes de Barrabool et à Bellerine. Monsieur le Baron de Zigno, dans son ouvrage publié dernièrement sur

---

* Annales d'Histoire Naturelle.

la Flore Fossile Jurrassique, adopte mon opinion au lieu de celle du Révérend Monsieur Clarke en ce qui a rapport à l'âge mésozoique des gisements houilliers Australiens; parceque, dit-il, les assertions de ce monsieur, concernant les caractéristiques des genres palæozoiques *Lepidodendron, Sigillaria, etc.*, comme se présentant fréquemment, n'ont pas été prouvées; il sera donc d'un grand intérêt pour les géologues Européens d'apprendre que jusqu'à ce moment même ancune trace n'en a été trouvée dans les gisements contenant le *Glossopteris, Phyllotheca, Pecopteris Australis*, le *Tæniopteris*, ou le *Zamites*; et que le seul *Lepidodendron* ou genre caractéristique carbonifère palæozoique n'a été trouvé *qu'à plusieurs centaines de miles des gisements contenant les plantes (suivant moi) mésozoiques, et non pas mêlé avec elles.* Un argument dont se servait le Révérend Monsieur Clarke, dans sa controverse au sujet de l'âge mésozoique de ces gisements houilliers, était l'absence supposée de fossiles marins de l'époque mésozoique en Australie; mais cet argument même (que je réfutai par une comparaison avec Richmond, Virginie) n'est plus d'aucune valeur, depuis quelques semaines. Un ami de Monsieur Clarke ayant fait une collection de fossiles du Wollumbilla, ce dernier les envoya à Melbourne, me "demandant de determiner l'époque géologique à laquelle ils appartenaient;" et je puis, sans faire ici une description des différentes espèces de fossiles, déclarer qu'ils fournissent la réfutation la plus complète de cette objection, et sont les équivalents marins exactement de la même époque que j'assignai aux gisements houilliers, c'est-à-dire, mésozoique inférieur, ne dépassant pas la base du Trias, ni moins anciens que la partie inférieure du grand oolite. La collection renferme de grands *Belemnites* de l'aspect général de *B. giganteus*, *B. paxillosus* et autres formes semblables d'oolite inférieur. *Pentacrinus* et une quantité d'espèces de grands *Serpula, Lima, Pecten, Arca, Nucula, Rhynchonella, etc.*, ayant l'aspect général de formes oolitiques inférieures, liassiques et triassiques. Et ainsi faisons-nous un pas de plus dans notre essai de comparaison entre l'histoire naturelle d'Australie et des autres pays du monde dans les temps anciens; histoire de créations qui ne peuvent être tracées que par la Palæologie; et nous trouvons qu'à cette époque oolite, dont il a été fait allusion au commencement de cette esquisse, tous les facies de la faune terrestre et marine avaient éprouvé les mêmes changements que ceux qui ont été observés dans les créations géologiques correspondantes aux Indes, dans le Comté de York, en Allemagne et en Amérique. Je puis ajouter que dans cette collection de fossiles du Wollumbilla il n'y a pas de *Trigoniæ*, bien que d'après les remarques du premier chapitre les Géologues Anglais pourraient s'attendre à en rencontrer, mais à leur place j'ai reconnu une espèce distincte du genre muschelkalk de Monsieur le Professeur Bronn, *Myoahoria*, qui me permet de suggérer la présence de gisements triassiques en Australie.

PÉRIODE TERTIAIRE.

L'époque suivante dans l'histoire naturelle ancienne d'Australie, représentée par le dépôt étendu de formations tertiaires, ne peut avoir été prévue par ceux qui se laissèrent aller aux observations dont il a été fait mention au commencement de ce travail; car nous trouvons qu'ici comme en Europe, la plus grande partie du pays fut couverte par la mer pendant l'époque Tertiaire, et toutes traces de créations animales et végétales antérieures furent détruites et remplacées par des espèces tout-à-fait différentes d'animaux et de plantes se rapprochant davantage de celles qui habitent la terre et la mer du pays.   Ceci donc met un terme aux spéculations basées sur la supposition que l'Australie, différemment au reste du monde, était restée terre ferme depuis la période oolitique, et que les petits *Myrmecobius* et *Perameles* ou *Bandicoots* étaient les compagnons de ces petits masurpiaux qui vivaient à l'époque des dépôts de schistes du Stonesfield ou Collyweston de la période oolitique en Angleterre. Le fait réel est qu'il existe dans Victoria une superbe flore Dicotyledone Tertiaire tout-à-fait différente de la flore Mésozoique; et que dans Victoria, comme dans la Nouvelle Zélande, l'Inde, l'Amérique du Nord, l'Amérique du Sud et l'Europe, les races d'animaux qui habitent la terre furent précédées, dans l'époque Tertiaire ou Pleistocène la plus rapprochée, par de gigantesques anti-types, si je puis m'exprimer ainsi, caractérisés par les mêmes particularités anatomiques qui distinguent les récents habitants du pays.   Ainsi comme la Nouvelle Zélande eut son petit Kiwis ou *Apteryx* précédé par un oiseau également sans ailes, mais d'une forme gigantesque, le Moa ou Dinornis, et l'Amérique du Sud eut ses petits *paresseux* actuels précédés par le colossal *Megatherium* et le *Mylodon*, présentant les mêmes particularités de conformation anatomique ; de même le Wombat et le Kanguroo, les espèces les plus particulièrement caractéristiques d'Australie, furent précédés par les gigantesques *Diprotodon* et *Nototherium*, réunissant sous quelques rapports les particularités ostéologiques de ces espèces, et leurs ossements sont trouvés comme ceux du cerf gigantesque d'Irlande (*Megaceras*), selon toute apparence embourbés dans la vase des anciens lacs *Pleistocene*. Avec ces ossements sont trouvés, au lac Timboon et dans d'autres localités, les restes du véritable Kanguroo (*Macropus*) et du (*M. Titan*) d'une taille beaucoup plus grande que celle des Kanguroos actuels. On trouve aussi dans des cavernes (comme celles du Mont Macedon) les restes d'espèces récentes de *Hypsiprymnus, Hydromis*, ainsi que le carnivore *Dasyuri* et le *Canis dingo* ou chien natif, dont la reconnaissance, parmi ces restes, doit le ranger (ce qui était mis en doute) parmi les animaux véritablement indigènes. J'ai aussi reconnu les ossements du Wombat actuel (*Phascolomys*) dans des matières dures, pierreuses, férugineuses et aurifères, appelées " ciment " par les mineurs, retirées d'une grande profondeur de défoncements à Dunolly, cette matière étant si dure que les machoires ne purent en être détachées qu'au moyen d'un ciseau. Cette détermination me met à même de dire que l'âge de la matière aurifère dans la Colonie de Victoria est le même que Sir R. Murchison a déterminé pour la Russie, c'est-a-dire, celui des roches mammalifères d'Angleterre.

La Faune marine Tertiaire de Victoria est extrêmement intéressante, sous le point de vue d'histoire naturelle, par la preuve extraordinaire qu'elle donne de la loi de représentation ou formes représentatives. Ainsi une série de gisements, à environ dix ou douze miles de Geelong, que je crois être Miocène Inférieure, et une série de gisements sur la côte opposée de la baie d'Hobson, entre le Mont Eliza et le Mont Martha, que je crois être Eocène Supérieure, présentent les espèces les plus extraordinaires de *Voluta*, représentatives de celles d'argiles Eocènes de Bartoncliff dans le Comté de Hants, et de gisements Miocènes des bassins de Paris et de Vienne, qu'on puisse imaginer ; le *Voluta spinosa, Voluta modesta* et *Voluta suturalis* des gisements Miocènes Européens sont représentés si exactement dans des espèces trouvées dans les gisements de Geelong, qu'il faut un examen très approfondi pour s'appercevoir d'une différence ; ainsi que pour la série d'espèces

Eocènes Anglaises et Françaises, *Voluta luctatrix*, *Voluta spinosa*, *Voluta lyra*, *Voluta ambigua* et *Voluta digitalina* sont *représentées* de la manière tout à la fois la plus curieuse et la plus exacte par une série d'espèces semblables dans les gisements de Victoria, ayant la même relation de formes entr'elles qu'il est presque impossible de les distinguer, à première vue, des formes analogiques de l'hémisphère du Nord ; la ressemblance étant rendue d'autant plus frappante par la reconnaissance du parallèle complet des séries dans chaque hémisphère ; et cependant il y a une fort petite différence (considérée générique par quelques auteurs) entre les deux séries, les oolites éocènes tertiaires d'Europe ayant une spirale aigue et formant le genre *Volutilites* de Swainson, tandis que les formes "*analogues*" Australiennes ont le haut de la pointe mammalifère contournée, caractéristique des récents *Volutidæ*. De plus, le genre commun du *Cassidaria depressa* du Miocène Inférieur d'Allemagne est si exactement représenté par une espèce également commune dans nos gisements du même âge, que j'a nommé *Cassidaria reticulospira*, que tous deux peuvent être distingués seulement par le caractère indiqué d'une disposition rétiforme des pointes extrêmes de la spirale. Le *Trivia avellana* des mêmes gisements Européens est représenté exactement dans les gisements de Victoria par le presque identique *Trivia avellanoides* (McCoy), et ainsi de suite pour une longue série de formes représentatives, nous donnant la première preuve distincte, dans notre esquisse progressive du développement de vie dans la Colonie de Victoria, de l'action de la "loi de représentation de centres spécifiques," qui joue un rôle si important dans la distribution de la vie organique du globe aujourd'hui, mais qui, comme nous avons vu, n'avait apparemment aucun effet dans les temps plus reculés.

Comme se rapportant à cette question, si intéressante pour le géologue Européen, la preuve palæologique des changements progressifs de la température dans notre terre, les géologues apprendront avec intérêt que comme les espèces vivantes des Tertiaires Miocènes d'Europe sont généralement les hôtes, non des mers avoisinantes, mais de latitudes plus chaudes, j'ai observé le même fait dans Victoria : les coquillages récents mélangés à ceux qui sont éteints dans nos dépôts Miocènes n'habitaient pour la plupart ni dans notre baie ni dans les mers avoisinantes, mais habitaient les mers de la Nouvelle Zélande (tels que le *Petunculus laticoscatus,* qui est commun chez nous à l'état fossile, mais qui ne vit pas plus près que la Nouvelle Zélande) ainsi que ceux des latitudes plus élevées d'Adelaide et du Nord d'Australie; montrant ainsi, comme en Europe, le refroidissement graduel de notre globe pendant les périodes Eocène et Miocène. Pour en revenir à la fausse théorie populaire, dont il a été question dans le premier paragraphe, établissant l'existence dans les mers d'Australie de possibles *Trigoniæ* oolitiques, je crois d'un grand intérêt d'affirmer que les quatre espèces vivantes de *Trigonia* semblent avoir été créés seulement pendant la période moderne, et sont représentées dans nos dépôts tertiaires par des espèces tout-à-fait différentes de *Trigonia semiundulata* (McCoy).

PÉRIODE MODERNE.

Comme l'espace qui m'a été réservé est déjà dépassé considérablement, je puis seulement offrir quelques remarques sur l'Histoire Naturelle Moderne ou Actuelle du Pays, qui est beaucoup mieux connue que celle qui l'a précédé. Les mammifères modernes et les oiseaux d'Australie sont si bien décrits dans les admirables ouvrages de mon ami Monsieur Gould, que je m'abstiendrai d'en parler, si ce n'est pour corriger une erreur qui semble universelle dans tous les ouvrages publiés sur ce sujet, et qui se trouve même dans les mémoires de Monsieur Ronald Gunn, de Tasmanie; c'est-à-dire, que le grand *Dasyurus maculatus* n'est trouvé qu'en Tasmanie et qu'il n'existe pas dans le Continent Australien: j'en ai eu sept ou huit spécimens recueillis, pour le Musée National, des montagnes du Yarra et autres localités montagneuses à moins de trente ou quarante miles de Melbourne; et de plus, contrairement à mon opinion préconçue, je me suis assuré que le chien natif (*Canis dingo*) est véritablement un animal indigène, par la double raison de son accroissement en nombre (avec peu de variété) dans l'intérieur du continent éloigné de toute habitation, et d'ossements qui ont été identifiés avec ceux d'animaux récents et éteints trouvés dans un parfait état de préservation dans les cavernes d'ossements qui ont été ouvertes récemment au-dessous d'effusions de basalte au Mont Macedon.

Parmi les reptiles le grand *Hydrosaurus varius*, appelé Iguana par les colonistes, et souvent de cinq pieds de long, est le plus important des *Lacertilia ;* plusieurs types moins grands sont trouvés près de la côte, tels que le *Hinnulia* au *niolata, Cyclodu, Gigas* et *Grammatophora nuvicata*, et le *Agama barbata* et *Trachydosaurus rugosus* (appelé lézard de rosée par les colonistes), et deviennent plus communs à mesure qu'on approche les pays plus chauds de la frontière Nord de la Colonie, mais ne se présentent plus, à ce que je crois, une fois passé la ligne de division. Parmi les *Batrachia*, le *Ranhyla aurea* est la grenouille verte, extrêmement commune, du pays, et elle est si différente de *Hyla* dans ses habitudes, qui sont tout-à-fait celles de *Rana*, que sa séparation générique de *Hyla* (contrairement à l'opinion de plusieurs autorités sur ce sujet) est, je crois, tout-à-fait nécessaire. Deux espèces de grenouilles, du genre *Lymnodinastes*, ont la coutume extraordinaire, dans le pays aride et desséché qu'elles habitent, de vivre ensevelies à une profondeur considérable dans un terrain sablonneux pendant le jour, en sortant pour pourvoir à leurs besoins pendant la nuit, et servent à leur tour de nourriture aux serpents sur les plaines desséchées. On ne trouve pas les reptiles *Chelonian* plus près que la rivière Murray, où les seules espèces connues, *Chelodina longicollis* et *C. oblonga*, sont celles qui sont décrites par mon ami Monsieur le Docteur J. E. Gray, du Musée Britannique, à qui le Musée National est redevable de l'assistance la plus précieuse et la plus désintéressée. Les serpents de la Colonie sont assez nombreux, et tous, à une exception près, sont venimeux ; cette exception est le " carpet snake " " serpent tapis," *Morelia variegata*, qui n'est trouvé que dans la partie plus chaude au Nord de la Colonie. De plus, les serpents venimeux, justement appelés ainsi, avec des dents isolées, sont très rares, la seule espèce de Vipère Australienne, la Vipère de Mort ou Vipère sourde des colonistes, *Acantophilis antarctica*, étant extrêmement rare dans la Colonie de Victoria, et trouvée seulement dans les districts avoisinants la frontière Nord. Les autres serpents appartiennent aux *Colubridæ*, et comme les serpents de Victoria n'ont pas encore été énumérés, je ferai mention de ceux que j'ai reconnu. Le *Hoplocephalus superbus* est un serpent très abondant aux environs de Melbourne, et ce serpent venimeux est souvent désigné érronément sous le nom de " serpent diamant " dans des comptes-rendus d'expériences d'antidotes aux morsures de serpents venimeux ; le véritable et inoffensif serpent diamant (*Morelia spilotes*) des Nouvelles Galles du Sud n'ayant pas encore été rencontré dans la Colonie de Victoria. Le *Hoplocephalus curtus* est une espèce encore plus abondante et venimeuse aux alentours de Melbourne, où ils sont généralement appelés "serpent tigre" en raison des marques transversales de la plupart des spécimens; il diffère, d'une manière remarquable, de toutes les autres espèces du genre, en ce qu'il peut dilater les côtés de son col, lorsqu'il est irrité, de la même manière que le Cobra. Ces deux espèces deviennent plus rares en se rapprochant du Nord, et ne se rencontrent plus dans les régions plus chaudes. *Hoplocephalus Gouldi* est extrêmement rare, et je n'en ai vu qu'un spécimen dans la Colonie de Victoria: il est remplacé ici par la seule nouvelle espèce que j'aie rencontré, c'est-à-dire, le *Hoplocephalus flagellum* (McCoy), le petit serpent "cravache" des colonistes, ayant toujours 19 et 17 rangs d'écailles, de même que son représentant en Australie Ouest en a toujours 15. Le beau *Hoplocephalus coronoides*, de petite dimension, de Tasmanie, se rencontre aussi dans la Colonie de Victoria, mais il y est rare. De *Diemansia* nous n'avons qu'une seule espèce, le *Diemansia reticulata*, un des plus communs des petits serpents si abondants vers la frontière de la Colonie bordée par la rivière Murray, mais qu'on ne rencontre plus en se rapprochant du Sud de la côte. Le superbe "serpent noir" des colonistes, *Pseudechys porphyraicus*, est une espèce formidable et très venimeuse, mais est devenu très rare depuis quelques années dans Victoria. Le plus dangereux de tous les serpents de la Colonie, tout à la fois pour sa dimension (généralement environ cinq pieds), sa distribution par toute la Colonie et le venin fatal de sa morsure, tuant quelquefois des hommes et fort souvent des chiens, est le "serpent brun" des colonistes, *Pseudonaja nuchalis*, se rapprochant de fort près du *Naja* ou Cobra des Indes. Le rapport publié à Melbourne, il y a quelques années, de la rencontre d'une espèce de véritable *Boa* dans la Colonie de Victoria, ne reposait que sur une détermination érronée du "serpent tapis" (*Morelia variegata*), dans lequel les caractères qui distinguent les Pythons des Indes, d'Afrique et d'Australie, des véritables *Boas*, qui ne se rencontrent qu'en Amérique, ne furent pas considérés.

Dans la classe des Poissons il reste encore beaucoup d'espèces à déterminer. L'espèce la plus importante dont on se sert comme nourriture est le "schnapper" des colonistes, *Pagrus unicolor*, très abondant et souvent d'une grande dimension; le marché en est toujours amplement fourni, et il est aussi séché et salé en grande quantité par les pêcheurs Chinois, de la baie d'Hobson, qui les fournissent à leurs compatriotes des mines. Une espèce presque aussi abondante, en certains temps, et aussi d'une grande dimension et d'un goût délicat, est la grande morue-perche, "Morue de la Murray" des colonistes—le *Crystes Peeli* de Mitchell, ou *Oligorus Macquariensis* d'écrivains modernes. Une espèce beaucoup plus grosse (quelquefois de cinq pieds de long), et le meilleur poisson de table, mais un visiteur occasionnel, est le "poisson roi" des colonistes, qui me paraît être tout-à-fait identique au grand "maigre" de la Méditerranée, *Sciæna aquila;* Monsieur le Docteur Gunther, l'auteur du plus récent ouvrage sur l'ichthyologie, dans son Catalogue général des Poissons Acanthoptarigiens, déclare que la famille des *Sciænidæ* à laquelle ce poisson appartient n'a jamais été trouvée en Australie. Les poissons communément appelés "mullet," *Dajanus Dimensis*, et "merlan," par les colonistes, *Sillago punctata*, sont aussi communs chez les marchands de poissons, ainsi que trois espèces de "têtes plates," *Platycephalus nematophthalmus, P. tasmanius*, et *P. lævigatus*, qui sont pris en abondance dans la baie en toutes saisons. Un autre poisson de table assez bon est le "brochet," qui, de même que d'autres poissons, bien qu'ayant le nom d'une espèce étrangère, n'a que fort peu de ressemblance et point d'affinité avec le poisson du même nom en Europe; c'est à proprement parler le *Sphyræna obtusata* et *S. Novæ Hollandæ*. Le "hareng" des pêcheurs est le *Centropristis Georgianus*, dont le marché est abondamment fourni. Le "baracoota," qui nous visite régulièrement, et est très recherché pour la table, est bien certainement le *Thyrsites atum* du Cap de Bonne Espérance. La petite morue, la *Lota breviuscula*, se procure de temps en temps au bord de la côte, mais est surtout remarquable par le fait que le poisson complètement développé (environ un pied de long) fut déclaré, il y a deux ou trois ans, comme le jeune de la grande morue de Terre Neuve. Ce fut en vain que je fis remarquer la différence générique dans le nombre des nageoires, etc., et que ces jeunes étaient des adultes, "les gens pratiques" eurent un tel pouvoir de persuasion que des négociants da la ville souscrivirent, deux fois, plusieurs centaines de livres sterling pour affréter un navire et commencer une grande pêche à la morue sur un banc, à quelques miles dans la baie, comme spéculation commerciale. Le poisson Saint Pierre, *Zeus faber*, est un rare visiteur, et je ne puis dire s'il est aussi succulent qu'en Europe, bien que plusieurs savants de mes amis mangèrent un des trois spécimens qui furent trouvés pendant les sept années de mon séjour dans la Colonie, au lieu de l'envoyer au Musée. Un "poisson guide" *Hemirhemphus*, un thon, *Thynnus*, et une anguille, *Muræna*, sont aussi d'un usage habituel comme nourriture. Parmi les poissons utiles, qui ne sont pas bons comme nourriture, je puis faire mention du "poisson lune" d'Europe, *Orthagoriscus Mola*, qui est souvent pris dans la baie et produit une grande quantité d'huile.

Peu d'espèces de crustacés servent à la nourriture dans la Colonie de Victoria ; il n'y a pas de véritables homards ni de crabes (*Canceridæ*) bons à manger ; mais une langouste épineuse d'à peu près la même dimension et forme que l'espèce Européenne est très abondante aux Têtes, et est envoyée en grandes quantités à Melbourne ; elle est presque ou même tout-à-fait identique avec *H. annulicornis* ; l'écrevisse gigantesque de la rivière Murray, le *Astacoides serratus*, est maintenant envoyée, en vie, en grand nombre au marché ; la petite écrevisse de rivière, le *Astacoides quinquecarinatus*, est souvent consommée dans l'intérieur du pays, mais n'est pas envoyée en ville ; c'est la principale nourriture de la morue de la Murray ; je retirai vingt écrevisses presque parfaites de l'estomac d'une de ces morues.

Comme l'espace qui m'a été alloué pour cette notice sur l'Histoire Naturelle Ancienne et Moderne de la Colonie, n'était que de huit pages, je ne puis transgresser davantage ni prendre en considération d'autres espèces d'animaux.

Université, Melbourne,
30 Septembre, 1861.

GÉOLOGIE

DE

LA COLONIE DE VICTORIA.

PAR

A. R. C. SELWYN,

Géologue du Gouvernement.

LES recherches qui ont été faites dans la structure géologique de la Colonie de Victoria démontrent que la surface de la plus grande partie de son étendue est occupée par des roches stratifiées qui ne se rapportent qu'à deux des grandes divisions ou époques de l'histoire géologique ; la primaire ou " Azoique" et " Palæozoique," et la tertiaire ou " Cainozoique."

Il y a plus de dix ans McCoy exprima l'opinion, sur l'évidence dérivée de l'examen de certains fossiles de plantes qui avaient été trouvées dans les couches houillères de New South Wales (Nouvelles Galles du Sud), que des roches de l'époque secondaire ou mésozoique n'étaient pas, comme on l'avait supposé jusque là, totalement absentes d'Australie. Il est prouvé maintenant que cette opinion était justement fondée. De récentes découvertes montrent que pour la plupart sinon toutes les couches houillères, dans la Colonie de Victoria, peuvent certainement être rapportées à cette période. En outre des rocs stratifiés aqueux de chaque époque il y a une grande variété de rocs ignés, comprenant les granitiques, trappéens et volcaniques.

Il a été impossible, dans la Colonie de Victoria comme ailleurs, de tracer une ligne de démarcation entre ses différentes classes de rocs ignés.

Il y a souvent un passage gradué du granitique au trappéen et des formes trappéennes aux formes volcaniques. Généralement parlant, néanmoins, on peut dire que les rocs trappéens et granitiques sont plus ou moins caractéristiques des époques primaires et secondaires ; tandis que ceux qui sont d'origine volcanique appartiennent pour la plupart à l'époque tertiaire. De nombreux elvan dykes traversent les couches palæozoiques inférieures, et ne passent pas dans les couches palæozoiques supérieures et mésozoiques qui sont immédiatement au-dessus d'eux ; et comme les conglomérats de ces derniers sont formés en partie de cailloux dérivés des dykes et de schistes graptolites parmi lesquels ils se sont introduits, les dykes sont bien clairement démontrés comme ayant fait irruption avant la dénudation des couches palæozoiques inférieures et le commencement de la période palæozoique supérieure.

Des preuves en sont données dans les sections à la jonction des deux formations dans la gorge du Werribee près de Bacchus Marsh (vide Photographies Nos. 18 et 20).

Les schistes en contact avec ces elvans ne paraissent pas avoir été métamorphosés ; mais il sont abondamment imprégnés de non-alum efflorescents sur les surfaces exposées. Les spécimens Nos. 41A et 42B proviennent de ces dykes, et les spécimens Nos. 47, 48, 49 et 51 proviennent de dykes associées aux grès palæozoiques supérieurs des Grampians.

Dans les formations des couches primaires et tertiaires, des formes représentatives de plusieurs subdivisions ou groupes Européens ont été reconnues, et de nouvelles recherches amèneront la découverte d'autres formes qui manquent encore pour compléter les séries. Celles qui ont été identifiées et examinées avec soin contiennent un assemblage de restes organiques présentant des formes dont quelques espèces et beaucoup de genres sont identiques aux groupes équivalents d'autres pays. Ils occupent aussi la même position relative géologique, et montrent une ressemblance générale extraordinaire en caractère lithologique et constituants minéraux.

Ainsi en structure générale et en composition, en ordre de succession géologique et en relations palæologiques, les formations de rocs dans la Colonie de Victoria sont, sous tous les rapports, analogues à celles d'autres régions ; et comme il n'est pas utile, dans une esquisse de cette nature, d'entrer dans des descriptions géologiques détaillées ou des déductions spéculatives, nous nous bornerons à une courte notice sur les traits caractéristiques et les plus importants des rocs de chaque période, ce qui, à l'aide des plans géologiques, des photographies, des dessins et des spécimens exposés, pourra donner une idée des caractères principaux de la Géologie de la Colonie de Victoria.

I.—ROCS PRIMAIRES OU PALÆOZOIQUES.

Sous ce terme général nous pouvons comprendre, dans cette esquisse, tous les rocs en dessous de l'époque Triassique. On ne sait encore, d'une manière positive, s'il y a dans la Colonie de Victoria des rocs plus anciens que ceux de la période Silurienne Inférieure. En se dirigeant à l'Ouest du méridien de Melbourne on en rencontre des séries descendant graduellement, et vers les limites extrêmes de la Colonie, à l'Ouest des Grampians, un groupe de couches est exposé, en parties seulement, composé de micacé feuilleté, talcose chloritique et schiste serpentine, avec des masses de quartz dur et brun, et de nombreuses couches minces et entremêlées de quartz blanc, qui peuvent être les représentants de séries Cambriennes ou Azoiques. On n'a pas encore découvert d'or associé à ces rocs, non plus qu'à l'Ouest du méridien de la chaîne principale des Grampians.

Rocs Palæozoiques Inférieurs.—Siluriens.

Les rochers de cette période sont la source, jusqu'à présent du moins, d'où tout l'or produit dans Victoria a été tiré. Ils sont exposés à la surface, à intervalles, de l'Ouest des Monts Grampians jusqu'à la limite extrême à l'Est de la Colonie. A quelques exceptions locales près, ils ont tous une direction méridionale. Leur grande étendue longitudinale est due à la manière dont ils ont été pliés et repliés, ce qui a amené les couches à se reproduire à la surface dans un succession de grandes ondulations syn-clinales et anti-clinales. En faisant une réduction proportionnée pour cette reproduction des mêmes couches à la surface, l'épaisseur verticale totale de cette série n'est probablement pas moins de 35,000 pieds.

Les nombres inférieurs de ce groupe consistent principalement des rocs de schistes et d'ardoises, ainsi que des couches nombreuses de grès, de quartz durs et de micacés tendres. Parmi ces dernières couches on rencontre de très bonnes pierres de construction, et dans les premières des ardoises de toîture et de pavage.

Plusieurs espèces de Polyzoa sont les formes les plus caractéristiques et les plus abondantes qui ont été trouvées dans les couches inférieures. Des spécimens et des dessins en sont fournis dans la Classe IV.

Dans la portion supérieure de ces séries, qui ne s'étendent pas au-delà de quelques miles à l'Ouest du méridien de Melbourne, des argiles schisteuses, "pierres de boue," associées à des grès très variés en couleur et texture, sont le plus prévalant. Cette portion est rarement affectée par le véritable clivage de schiste si caractéristique de couches inférieures, et elle contient un riche assemblage d'animaux fossiles indicatifs de plusieurs subdivisions de la période Silurienne Supérieure. L'absence presque totale de couches de chaux, le nombre et l'étendue des veines de quartz, et les protrusions à intervalles rapprochés de rocs granitiques et quelquefois plutoniques trappéens dans les dykes, sont les caractères les plus remarquables dans la structure physique des rocs palæozoiques inférieurs dans la Colonie de Victoria. Les empiètements granitiques ne se présentent pas le long des axes principaux d'élévation, mais ils se présentent dans toute l'étendue des rocs palæozoiques. Les rocs stratifiés parmi lesquels ils se sont introduits sont endurcis ou métamorphosés jusqu'à une certaine distance de la jonction. Ce changement varie d'une manière marquée avec le caractère minéral ou la masse changeante ; ainsi le changement produit par les Porphyres Diorites et Feldspar est souvent tout-à-fait différent de celui produit par le Granit. Leur empiètement paraît exercer très rarement une influence sur les inclinaisons et contortions des rocs palæozoiques.

Ils retiennent toujours leur direction générale méridionale, ce qui est certainement remarquable, si on considère que le principal réservoir de l'eau ou axe d'élévation coule de l'Est à l'Ouest, et conséquemment presque à angle droit de la direction de tous les rocs plus anciens. Il est difficile, d'après cela, de comprendre quelle influence peut avoir déterminé ce caractère dans la géographie physique de Victoria. Il est clairement démontré par des faits ayant rapport à la géologie physique des formations de cette période, des deux côtés de la ligne de division, qu'aucune grande altération ou modification du réservoir de l'eau n'a eu lieu depuis la première partie de la période tertiaire.

Les veines de quartz se présentent dans tous les rocs palæozoiques depuis l'épaisseur d'un fil à celle de plusieurs pieds. Elles ont pour la plupart une direction méridionale et une inclinaison Est ou Ouest, à angles variant de l'horizontal au vertical; elles se présentent quelquefois entre les faces des couches—plus souvent dans celles du clivage,—et souvent elles les traversent toutes deux. Ce sont de véritables veines minérales qui sont tout-à-fait analogues, dans la manière dont elles se présentent, aux autres veines minérales, soit d'argent, de plomb, d'étain, de cuivre, ou de tout autre métal cristallin. Aucune illustration du nombre et de l'importance de ces veines ne pourrait être donnée, d'une manière plus développée, que par les cartes fournies par l'Inspection Géologique des districts de Castlemaine et de Fryerstown, dans lesquelles les caractères physiques de chaque "récif" et "ravin," qu'ils contiennent ou non le précieux métal, ont été marqués.

Les veines les plus épaisses et les plus persistantes sont trouvées dans les portions des séries inférieures ou plus anciennes, mais la moyenne du produit de l'or par tonne est généralement plus grande provenant des veines moins épaisses des couches supérieures. Elles se rencontrent aux mines de Kilmore, Yea, Reedy Creek, Heathcote et Rushworth.

Le défoncement le plus profond qui a été fait est d'environ 460 pieds. A cette profondeur on a obtenu un produit de plus de cinq onces par tonne.

L'étendue totale, dans la Colonie de Victoria, de formations palæozoiques, avec leurs rocs plutoniques associés, y-compris les régions dans lesquelles les dépôts tertiaires n'excèdent pas 300 pieds, ne peut pas être estimée à moins de 30,000 miles carrés. Si on en déduit 10,000 qui sont occupés par des rocs granitiques et autres qui ne sont pas, ou seulement très partiellement, aurifères, nous avons une étendue égale à 20,000 miles carrés, dans n'importe quelle partie de laquelle il y a possibilité de trouver des dépôts aurifères, soit dans les veines de quartz soit dans l'alluvion. Il est à peine nécessaire d'ajouter que l'étendue qui en est exploitée maintenant n'est qu'une proportion insignifiante de celle des rocs aurifères. Aucune partie de la terre de Gipps n'est comprise dans l'évaluation ci-dessus. Des dépôts d'or fort considérables y ont été découverts, mais la géologie de ce district n'a pas encore été étudiée.

Ces faits pris en considération ainsi que l'immense étendue de pays dans laquelle des veines de quartz aurifères ont été découvertes, le nombre peu important qui en a été exploité dans chaque district, et la profondeur insignifiante où, en général, les défoncements ont été conduits, donnent à supposer, avec raison, que les mines d'or de Victoria peuvent, avec la combinaison de capital et de bonne administration, devenir une source de richesse aussi permanente que les mines d'étain, de cuivre et de plomb de la Grande Bretagne.

En outre de l'or, beaucoup d'autres minéraux métalliques sont trouvés dans la Colonie de Victoria, associés au quartz ou à d'autres formations ; mais à l'exception près d'étain, de sulfures et d'oxides d'antimoine, on n'en a pas encore découvert en quantités suffisantes pour encourager l'exploitation.

Plusieurs petits diamants, qu'on prétend avoir été découverts aux mines d'or des Ovens, ont été exposés à Melbourne ; mais on ne peut s'en rapporter implicitement aux rapports qui ont été faits : ils sont donc marqués comme douteux dans la liste de minéraux qui ont été trouvés dans la Colonie de Victoria.

Minéraux trouvés dans la Colonie de Victoria.

Dans le tableau qui suit les produits marqués ainsi (*) sont les seuls qui ont été trouvés en quantités suffisantes pour être d'une valeur commerciale.

Nom.	Localité.
1. Or (natif) en cristaux, etc.*	Formations palæozoïques inférieures et tertiaires.
2. Or allié à l'argent*	
3. Argent, chloro bromide	Mines de quartz, St. Arnaud.
4. Etain, cassiderite (*oxide d'étain*)*	Ovens, Taradale, Strathbogie, Yarra Supérieure, etc. ; comme filets d'étain seulement, associés aux amas d'or.
5. Cuivre (natif)	Au Ravin du "Spécimen," Castlemaine.
6. Dito, carbonate bleue (*azurite*)	Steiglitz, Pyreeth.
7. Dito, carbonate verte (*malachite*)	Steiglitz, Castlemaine, Bendigo, etc.
8. Dito, oxide rouge	Steiglitz.
9. Dito, pyrites	Steiglitz, Castlemaine, Bendigo, etc.
10. Dito, indigo	
11. Dito, anthracite (*sulfure de cuivre*)	

Minéraux trouvés dans la Colonie de Victoria—continués.

Nom.	Localité.
12. Plomb, sulfure	Steiglitz, Castlemaine, Bendigo, Maryborough, ainsi que d'autres mines d'or où les quartz se rencontrent.
13. Dito, carbonate (*cerusite*) 14. Dito, phosphate (*pyromorphite*)	Ravin de Nicholson, Castlemaine.
15. Dito (*cuproplumbite*), plomb, cuivre et soufre	McIvor.
16. Antimoine, soufre (*anthracite d'antimoine*) 17. Oxide d'antimoine, ochre	Heathcote, Templestowe, Yarra Supérieure, Maryborough.
18. Zinc, sulfure (*blende*)	Ravin du "Spécimen," Castlemaine, mines de Russell, près Malmsbury.
19. Binoxide de manganèse (*pyrolusite*)	Têtes Dentelées.
20. Fers de manganèse, avec traces de cuivre et de cobalt se présentent dans plusieurs mines de quartz	Castlemaine, Dunolly, etc.
21. Carbonate de bismuth 22. Fer, météorique natif... ...	Cranbourne.
23. Dito, sulfure, pyrites, mundic 24. Dito, sulfure aurifère 25. Dito, marcassite ... 26. Dito, pyrites arséniques	Distribués par toute la Colonie.
27. Dito, peroxyde	Grampians.
Dito, ochre* ... Dito, minerai brun* ... 28. Dito, sable de fer titanique 29. Dito, magnétique ...	Distribués par toute la Colonie, surtout dans les rocs tertiaires.
30. Dito, chromique	Heathcote.
31. Dito, peroxyde	Lac Connewarre.
32. Dito, tungstène 33. Dito, arséniate	Tarrengower, Maryborough.
34. Dito, phosphate 35. Dito, carbonate (*sphærosiderite*)	Couches et cavités dans le basalte.
36. Dito, minerai (*pharmakosiderite*)	Tarrengower, Castlemaine, Bendigo, Maryborough.
37. Diamants ? (non prouvé) 38. Graphite	Mines des Ovens.
39. Charbon végétal	Rocs tertiaires et secondaires.
40. Saphir, bleu et rouge, ou rubis oriental 41. Rubis spinelle ... 42. Zircon	Plusieurs mines.

Minéraux trouvés dans la Colonie de Victoria—continués.

Nom.	Localité.
43. Topazes, de plusieurs couleurs blanches, bleues, etc.	Plusieurs mines.
44. Tourmaline	Dans les granites et mines d'or.
45. Horn-blende	Quelquefois dans les granites et à Mansfield, McIvor, etc.
46. Augite	Dans les roches de basalte.
47. Chlorite	Dans les roches de quartz, Castlemaine, etc.
48. Olivine	Dans les roches de basalte.
49. Rubellan	Près Footscray.
50. Mica	Glenelg, et près d'Harrow.
51. Feldspar : 1, Orthoclase ; 2, Albite ; 3, Oligoclase ; 4, Labrodorite	Kyneton, Amherst, Mont Alexandre, etc.
52. Kaolin*	Station de Govett, Bulla.
53. Agalmatolite silicate d'alumine	Plaines de Keilor.
54. Steatite et de nombreux silicates d'alumine et de magnésie se présentent fréquemment	Rocs of basalte et mines de quartz ; le steatite se rencontre comme pseudomorphe dans les mines près Strathloddon.

55. Zéolites :
   1. Analcime ...
   2. Natrolite ...
	} Ile Philip.

3. Chabasite	Basalte près Clunes.
4. Ledererite	Dito près Richmond.
5. Gmelinite	Dito.
56. Carbonate de chaux ... Pierre à chaux ...	} Dans toute la Colonie.
57. Aragonite	Basalte et mines d'or.
58. Sulfate de chaux	Marais et rocs tertiaires.
59. Carbonate de magnésie ...	Pierres de Bacchus Marsh, Port de l'Ouest, etc.
60. Chlorure de sodium*	
61. Alumine, sulfate	Pierres des roches oolitiques.
62. Alunite (alum)	Près Gisborne.
63. Quartz : 1. Cristal de roche	Sur toutes les mines.
2. (Quartz enfumé)... ...	Ovens, Tarrengower, etc.
3. Quartz vert	Castlemaine, Heathcote, etc.
4. Calcédoine	Sunbury, Keilor, etc.
5. Agate	
64. Opale : 1. Hyalite	Dans les cavités du basalte.
2. Jaspe	Près Melbourne, au crique de Riddell.
3. Bois opalisé	A la rivière "Bass" et aux Grampians.
4. Semi-opale	Dans le basalte, près Melbourne.
5. Chloropal	Dans le basalte au Ravin Profond et au Mont Bullangarook.

Rocs Palæozoïques Supérieurs. *

A Bacchus Marsh, situé à environ 25 miles à l'Ouest de Melbourne
—à Ballan, dans les chaînes de montagnes des Grampians, de
Serra ou de Victoria—à l'Est des chaînes du Mont Macedon—
au Coliban près de Kyneton—au crique du Canard Sauvage près
d'Heathcote—au Goulbourn près de Mansfield, et dans différentes
parties de la terre de Gipps, des rocs se présentent qui peuvent
être référables comme intermédiaires aux périodes Carbonifère et
Perméenne. Un examen fait avec soin et critique et une comparaison seront néanmoins nécessaires, dans les localités nommées
plus haut, pour déterminer la position géologique et les relations
de ces rocs. Les seuls fossiles qui y ont été trouvés sont—de
Bacchus Marsh, Cyclopteris; de Mansfield,   ; et de la terre
de Gipps, Lepidodendron ; Photographie No. 30, cette dernière
étant une plante caractéristique de la période palæozoïque ou
carbonifère.

Les Photographies (Nos. 6, 10 et 30) par Monsieur Daintree, de
l'Inspection Géologique de Victoria, sont prises des spécimens de
Bacchus Marsh et de la terre de Gipps.

Dans les chaînes des Grampians et de Serra ou de Victoria ces
couches ont une épaisseur de plus de deux mille pieds, et sont
exposées dans les escarpements précipiteux du Mont Sturgeon, du
Mont Abrupt, et dans la partie Est de la chaîne de Victoria. Leur
apparence particulière est celle de grès massifs variant en con-
texture et composition, de grès siliceux et rocs de quartz très durs,
renfermant des cailloux de quartz blanc, comme au Mont Talbot,
au Mont Arapiles, et aux Montagnes Noires, à pierre de taille
dures ou tendres.

Au Mont Sturgeon plusieurs carrières ont été ouvertes ; on en
retire des pierres de taille d'excellente qualité en quantités illimitées.
Malheureusement le prix excessif du transport empêche qu'on en
fasse usage à Melbourne, bien que probablement, sous beaucoup
de rapports, ce soit la meilleure pierre de taille trouvée dans la
Colonie de Victoria.

Plusieurs autres localités dans lesquelles des rocs palæozoïques
semblables se présentent ont fourni de très bonnes pierres de taille.
Dans le voisinage de Bacchus Marsh il y a une carrière fort con-

---

* La classification de ces rocs comme Palæozoïques Supérieurs est seulement provisionnelle,
ils peuvent être Mésozoïques Inférieurs.

sidérable, et on s'est servi de ses produits pour la construction de plusieurs des principaux bâtiments de Melbourne, tels que les Douanes, le Trésor et la Bibliothèque du Parlement.

Des spécimens de la pierre et des vues photographiques des carrières sont exposés dans la Classe IV. Photographies No. 17 et 39.

Dans plusieurs des localités dont il a été fait mention des masses épaisses de conglomérats sont associées au grès. Elles se présentent généralement vers la base de ces séries, et sont composées d'une agrégation très irrégulière de cailloux arrondis et fort souvent de fragments angulaires de toutes dimensions de granit, de pierre verte, de plusieurs sortes de porphyres, d'ardoises dures, de grès, de rocs, de quartz gris et de quartz. Ces cailloux et fragments sont renfermés dans une masse de terre molle montrant à peine trace de stratification, comme à Darlay, près de Bacchus Marsh, ou au point de jonction de la route de Sandhurst à Lancefield au crique du Canard Sauvage. Ils se présentent aussi quelquefois sous la forme de masses dures cimentées, comme à la chaîne du Mont Macedon; le caractère de ces couches, dans quelques unes des localités déja nommées, est tel qu'il empêche presque de supposer qu'elles puissent avoir été produites par le résultat de transports d'eau et de dépôts seulement. Il est néanmoins très à supposer que ces résultats pourraient être produits par le transport de glaces marines; et le mélange de matériaux fins ou bruts, usés par l'eau ou angulaires, dont un grand nombre est dérivé de localités éloignées, tendrait aussi à soutenir cette supposition.

Dans les Grampians les grès ont une inclinaison généralement vers l'Ouest, à des angles généralement bas, donnant une inclinaison à la face des montagnes dans cette direction; tandis que vers l'Est les couches sont coupées brusquement et se terminent en roches escarpées et falaises verticales de plusieurs centaines de pieds de hauteur. Dans plusieurs endroits au district de l'Ouest les couches reposent directement sur le granit, tandis que dans d'autres elles reposent sur les bords retournés des couches Siluriennes, comme on peut s'en rendre compte par la vue photographique (No. 20) d'une partie de section sur la rivière Werribee, près de Bacchus Marsh, dans laquelle la jonction des deux formations est bien exposée. Une quantité des petites portions détachées atteste l'immense étendue, dans des temps reculés, de ces rocs palæozoiques dans les districts au centre de la Colonie de Victoria.

Aucuns minéraux d'une valeur économique n'y ont été trouvés, et elles ne présentent aucunes marques de veines de minéraux d'aucun genre. Les couches cuprifères calcaires et d'ardoises de l'Australie du Sud sont probablement les membres inférieurs de mêmes groupes, mais ils n'ont pas encore été reconnus dans la Colonie de Victoria.

Il est fort intéressant de savoir s'il s'y rencontre de l'or dérivé des couches Siluriennes aurifères sur lesquelles elles ont été déposées, et si elles sont alliées à la détermination de la période probable à laquelle les veines de quartz furent imprégnées d'or. La préexistence et dénudation partielle d'une veine de quartz est bien clairement démontrée dans la section dont il a été fait mention. Vue No. 20. En certains lieux les lits sont souvents imprégnés de sulphates de magnésie, d'alumine et alkaline (chlorides), qui, en causant une exfoliation et une décadence rapide, détériorent considérablement la qualité et la valeur des excellentes pierres qu'on en retire.

II.—ÉPOQUE SECONDAIRE OU MÉSOZOIQUE.

Comme il a été dit plus haut, presque tous les gisements houillers de la Colonie de Victoria peuvent être rapportés à cette période.

Ils ont été reconnus en larges étendues dans plusieurs districts: le Cap Patterson, le Port de l'Ouest, les chaînes de montagnes du Cap Otway, les montagnes de Barrabool, Geelong, les côtes de la baie du Port Phillip, ainsi que dans la terre de Gipps et la vallée du Wannon.

Dans la plupart des districts nommés plus haut des gisements de houilles bitumineuses ont été trouvés. Les meilleurs et les seuls qu'on puisse exploiter avantageusement, sinon pour un usage local, qui ne peut avoir lieu que lorsque le bois à brûler sera beaucoup plus cher qu'il n'est maintenant, sont situés sur la côte au Cap Patterson, à moitié route des têtes du Port Phillip et du Promontoire de Wilson.

A différents intervalles, depuis la première découverte de ces gisements houillers par Messieurs Hovell et Hume en 1828, des sommes d'argent considérables ont été dépensées, tant par le Gouvernement que par des entreprises particulières, pour les développer. De nombreux défoncements, n'excédant pas trois cents pieds de profondeur, ont été fait dans le voisinage, et une grande partie du district a été examinée géologiquement. Ces investigations, tout en prouvant qu'une immense étendue de pays est occupée par les formations de houilles, n'ont cependant pas réussi à éliciter des faits tendant à changer ce qui avait été dit de cette mine lorsqu'elle fut examinée pour la première fois en 1853; mais elles ont au contraire confirmé l'opinion qui fut exprimée à cette époque, c'est-à-dire, que si des gisements épais et étendus se présentaient dans ce district ils nécessiteraient des défoncements profonds dans les portions de la formation qui ne sont pas exposées à la surface, les couches qui y sont déposées étant évidemment très limitées en étendue et très variables en épaisseur.

Malgré ces circonstances tant soit peu défavorables il n'y a pas de doute qu'avec la diminution future dans le prix des travaux et d'autres conditions favorables, le temps est proche où une quantité considérable de bons charbons seront extraits, avec avantage, du Cap Patterson. La raison pour laquelle l'exploitation n'en a pas encore eu lieu, est la situation et le coût de production, qui jusqu'à présent l'ont empêché de rivaliser avec les Nouvelles Galles du Sud. On évalue qu'environ cent mille tonnes pourraient être extraites des gisements qui ont été essayés sur le terrain loué par le Gouvernement à la Société Houillère du Cap Patterson. Jusqu'à la fin de l'année dernière (1860) cette compagnie avait dépensé plus de £13,000 sans aucune rémunération; et pendant les dernières dix ou douze années probablement plus du double de cette somme a été dépensé dans le district, et une centaine de tonnes de charbon est tout ce qui a été envoyé au marché.

Une investigation géologique, qui a été faite l'an dernier, prouve que des couches carbonifères semblables à celles du Cap Patterson, se présentent, soit à la surface ou recouvertes seulement de rocs tertiaires plus nouveaux et peu épais, en continuité non interrompue sur une étendue de pays d'environ cent miles de longueur et d'une largeur qui n'est, dans aucune partie de cette étendue, moindre de vingt miles, s'étendant de la rivière Gelibrand à l'Ouest du Cap Otway à la côte Sud-Est de la baie du Port Phillip; comprenant le Promontoire des Têtes Dentelées, Geelong et les montagnes de Barrabool. Il y a donc dans la Colonie une étendue d'environ deux mille miles carrés, dans n'importe quelle partie de laquelle il n'est pas improbable qu'on découvre par la suite des gisements

houillers propres à l'exploitation. Des défoncements et des percements d'une profondeur totale de près de trois mille pieds ont été
faits pendant l'année dernière au Promontoire des Têtes Dentelées,
pour éprouver quelques unes de ces couches. Le défoncement le
plus profond est de deux cent vingt-cinq pieds, et le percement le
plus profond est de cinq cents pieds. Dans ces défoncements une
épaisseur verticale totale de deux mille pieds de couches a été
traversée sans qu'on y rencontre de gisements houillers propre à
l'exploitation. Quelques couches minces de charbon impur ont
été rencontrées, et dans les schistes de nombreux spécimens de
plantes fossiles ont été trouvés, dont quelques uns sont spécifique-
ment indentiques avec ceux qui ont été trouvés dans les couches
associées aux gisements houillers de Newcastle dans les Nouvelles
Galles du Sud. D'autres (espèces de Zamites et Tæniopteris) qui
n'ont pas été découverts précédemment dans aucuns des rocs carbonifères Australiens, sont caractéristiques de genres mésozoiques dans
d'autres pays. Les photographies des Nos. 6 à 16, prises de quelques uns des spécimens, ainsi que des modèles d'autres spécimens,
sont exposés dans la Classe IV. Aucune trace d'animaux fossiles,
si ce n'est dans la vallée de Wannon, n'a été trouvée dans les
gisements houillers de la Colonie de Victoria. Plusieurs spécimens
de nouvelles espèces d'Unio ont été trouvés l'an passé, lorsqu'on
faisait les percements pour la houille dans ce district. Ils étaient
ensevelis dans un grès tendre d'un vert grisâtre, recouvrant des
couches peu épaisses de matières carboniques, ressemblant plutôt
au lignite qu'au véritable charbon. Ce fossile a été nommé Unio
Dacombii par McCoy. Il le considère comme tout-à-fait différent,
dans ses caractères génériques, de l'Unio des gisements houillers
palæozoiques, et comme s'accordant avec le type récent d'Unio; étant
donc clairement indicatif d'une période de l'Epoque Secondaire.
Ces découvertes, prises conjointement avec d'autres preuves, confir-
ment l'opinion que quelques uns au moins des gisements houillers
Australiens appartiennent a l'Epoque Secondaire ou Mésozoique.

Une grande similitude dans le caractère général, lithologique
et minéral de ces rocs existe dans toute la Colonie de Victoria.
Des masses épaisses de grès durs et tendres, s'alternant avec des
schistes argileux, se rencontrent dans toute la série; mais l'absence
de tout groupe particulier ou distinctif rend leur classification,
pour les localités éloignées, une tâche qui nécessitera un examen
et une comparaison tout spécial.

M 2

La couleur qui domine dans ces couches, particulièrement dans les couches sablonneuses, est un gris verdâtre changeant de temps à autres en une couleur brune. Les schistes sont généralement gris foncé, bleu ou presque noir, le dernier contenant généralement une grande quantité de sulfure de fer. Des bandes peu épaisses de charbon d'un noir de jais, et d'impressions obscures de restes de plantes, sont trouvées dans les grès et les schistes. De temps en temps de grosses branches ou troncs d'arbres y sont aussi trouvés couchés horizontalement. Le spath calcaire se rencontre aussi, soit en veines ou formant une couche peu épaisse sur les faces des jointures, et nodules concrets du grès de fer (carbonate de fer), mais en quantités trop peu considérables pour être exploité.

Dans le voisinage de Geelong se trouvent des carrières fort importantes, dont les pierres ont servi à construire presque tous les bâtiments particuliers et publics de cette ville. La Banque Anglaise, Ecossaise et Australienne, dans la rue Elizabeth à Melbourne, est aussi construite de pierre de cette formation, tirée d'une carrière près du " Point Griffith," sur la côte à l'Est de la baie du Port de l'Ouest. De même que les pierres de taille de Bacchus Marsh, elles sont imprégnées de matières salines, qui, lorsqu'elles se trouvent exposées à l'influence de l'atmosphère, s'effleurissent à la surface et occasionnent la décomposition et l'exfoliation des pierres.

Le caractère des couches, généralement parlant, indique qu'elles ont été déposées dans des eaux comparativement peu profondes, et assujeties, pendant le temps du dépôt, à l'action de forts courants, donnant à la stratification cette forme diagonale ou cuneiforme.

Les gisements houillers qui s'y trouvent associés partagent aussi de ce caractère, et un examen fait avec soin démontre que la matière végétale dont ils ont été formés a été accumulée par la seule action de l'eau. Cette condition physique de leur accumulation est probablement la raison pour laquelle ces couches diminuent dans leur extension horizontale, et présente plus ou moins d'épaisseur dans des étendues considérables, comme dans les gisements palæozoïques d'Europe, où la matière végétale a poussé entièrement ou en grande partie aux lieux mêmes où elle est ensevelie.

L'épaisseur totale des séries, dans la Colonie de Victoria, varie considérablement dans chaque district; là où elles sont le mieux développées les couches n'ont certainement pas moins de trois mille pieds de profondeur, après réduction faite pour les répétitions de mêmes couches à la surface. Le caractère physique du district dans lequel elles se présentent est très varié. Dans quelques uns il y a des montagnes fort boisées et des vallées; voir la photographie No. 19; dans d'autres des plateaux ondés, couverts d'herbages et de fort peu de bois; ou des pays plats couverts de broussailles, d'herbes grossières et d'arbres chétifs: ce dernier caractère est dû généralement à la présence de dépôts tertiaires formant la couche supérieure, ce qui rend généralement les terrains sablonneux et de peu de valeur. Là où ils ne se rencontrent pas les terrains sont généralement très fertiles, comme aux montagnes de Barrabool, dans la vallée du Wannon et dans quelques parties des montanges du Port de l'Ouest et du Cap Otway.

III.—ÉPOQUE TERTIAIRE OU CAINOZOIQUE.

Période Moderne ou de la Race Humaine.

Les rocs de cette époque, soit qu'on les considère sous les aspects industriel, géologique ou physique, occupent, on doit l'admettre, la position la plus proéminente dans l'histoire géologique de la Colonie de Victoria.

Des couches qui sont de l'une ou l'autre des périodes de cette époque, occupent deux tiers, soit soixante mille miles carrés, de la surface de Victoria. Elles sont trouvées reposant sur tous les rocs plus anciens, ignés et stratifiés, et elles s'étendent dans leurs membres supérieurs du niveau de la mer à des élévations de quinze cents et deux mille pieds. Elles comprennent des groupes de couches qui consistent de sable, argile, chaux, gravier et conglomérat, dont chacun a ses caractères distincts en palæologie, minéralogie et géologie; les classant comme représentatifs de dépôts Eocènes, Miocènes, Pliocènes et Pleistocènes d'Europe et d'autres pays.

Les rocs ignés qui sont associés à ces couches sont strictement volcaniques, et ils ne paraissent pas, dans aucun cas, être plus anciens que la fin de la période Miocène. Leur plus grand développement a eu lieu pendant le dépôt des séries Pliocènes, et dans quelques cas il a continué jusqu'à une période qui ne pourrait être séparée, chronologiquement parlant, des évènements géologiques les plus récents.

La période exacte dans l'Epoque Tertiaire pendant laquelle l'or a commencé à s'amasser est jusqu'à présent extrêmement douteuse. Aucune couche, contenant des animaux fossiles marins, n'a encore été trouvée associée à ces amas, ou en faisant partie. On n'a pas non plus trouvé d'or en dessous des couches tertiaires fossiles. Les rocs volcaniques consistant principalement de variétés de Trachytic Dolerites, Basaltes, Trachytic Porphyres, etc., sont, dans beaucoup de districts, interstratifiés avec des couches de sable, argiles, et gravier, et sont considérés, jusqu'à présent, comme les réceptacles de l'or, dans lesquels la couche inférieure, où l'or se rencontre, consiste presque invariablement en un gravier de quartz fort usé par l'eau. Il est hors de doute qu'il existe des amas d'or marquant au moins trois dépôts distincts, le résultat de soulèvements et de dépressions successifs; et il est presque certain que le premier d'entre eux était le résultat du commencement de la période Pliocène. D'accord avec ce point de vue ils ont été divisés en dépôts Pliocènes anciens, Pliocènes nouveaux, et post Pliocènes (vide Cartes Géologiques). Ces trois phases se rencontrent quelquefois dans la même localité (sans l'intervention d'aucun roc volcanique) dans quels cas les trois fonds ou couches aurifères sont trouvés dans le même défoncement, le dernier se trouvant toujours sur le roc solide et inébranlable palæozoique. Environ trois cent cinquante pieds est l'épaisseur la plus grande, connue, de ces dépôts Pliocènes anciens, y-compris les rocs volcaniques qui y sont associés; et à cette profondeur de riches dépôts d'or sont trouvés, reposant dans les interstices des couches Pliocènes. La relation exacte entre les dépôts d'or des périodes tertiaires supérieures et les sables tertiaires marins, et les terres et chaux des séries Miocènes et Eocènes, est un point fort intéressant dans la géologie de Victoria, qui n'est point encore éclairci, et qui peut avoir une grande importance comme se rapportant à l'extension probable des filons profonds de Ballaarat et d'autres mines d'or.

En suivant les filons ils sont invariablement trouvés s'agrandissant dans la direction générale de la surface de l'eau. Ainsi à Ballaarat et dans d'autres mines ils augmentent dans une direction

Sud ; tandis qu'à Clunes, Bendigo, etc., ils augmentent dans la direction opposée, c'est-à-dire, Nord ; et il n'y a pas de raison pour qu'ils ne se trouvent en dessous d'une très grande portion des plaines immenses qui s'étendent des mines du Nord jusqu'à la rivière Murray, et du côté Sud de la ligne de division aux côtes de la mer, partout où les rocs tertiaires formant ces plaines reposent directement sur les couches palæozoiques inférieures.

A l'exception près d'étendues comparativement limitées dans les régions supérieures du Campaspe, du Loddon et du Coliban, les rocs volcaniques tertiaires paraissent être exclusivement restreints à la partie Sud-Ouest de la Colonie de Victoria. Depuis le Mont Gambier dans l'Australie du Sud, l'action volcanique paraît s'être étendue dans une direction Nord-Est, augmentant graduellement en largeur et en intensité jusqu'auprès du méridien de Ballaarat, d'où elle paraît avoir été en décroissant, et s'être tout-à-fait éteint avant d'arriver à la vallée du Goulburn.

Les montagnes mammaloides et coniques qu'on rencontre à intervalles dans toute cette région volcanique constituent les traits les plus caractéristiques de son aspect physique. Elles ont toutes été apparemment des points d'éruption ; sur beaucoup d'entre elles les anciens cratères sont encore parfaitement marqués. Dans quelques unes se trouvent des lacs profonds, tandis que d'autres sont tout-à-fait desséchés, et la cavité en est boisée et couverte d'une végétation luxuriante. Dans presque toutes se trouvent des couches volcaniques, de scories ou de cendres ; d'après quoi on peut imaginer que la plupart d'entre elles furent formées de décharges volcaniques sub-aériennes dans les eaux Pliocènes tertiaires.

Celles dans lesquelles la cavité du cratère est la plus parfaite sont celles qui présent des indices d'avoir été le plus récemment actives.

Le nombre et l'étendue de lacs d'eau salée et d'eau fraîche, ainsi que de mares, est encore un caractère remarquable du district tertiaire de Victoria. En les examinant, on trouve, presque invariablement, que ceux qui ont un écoulement permanent contiennent de l'eau tout-à-fait fraîche ou tant soit peu saumâtre, tandis que dans ceux qui n'ont pas de débouché l'eau est généralement salée. Beaucoup d'entre eux sont très peu profonds, et vers la fin d'une saison d'été sec l'eau est entièrement évaporée, et ne laisse qu'un dépôt de sel cristallisé de quelques pouces d'épaisseur, reposant sur une vase noire. Le sel est quelquefois recueilli en grandes quantités pour l'usage des habitants du voisinage. Il n'y a pas de sources d'eau salée dans·le district, et il paraît probable que les côtes de ces lacs sont des dépressions de la surface, par lesquelles l'eau de mer pouvait seulement s'échapper après le dernier soulèvement de la terre. Ainsi la matière saline y est retenue et déposée par l'évaporation pendant les mois d'été, pour y être re-dissoute par les pluies d'hiver. D'un autre côté, lorsqu'un débouché constant existe, chaque accession d'eau fraîche emporte sa proportion de matière saline, jusqu'à ce qu'elle soit tout-à-fait anéantie. Une pierre de construction, très solide et d'excellente qualité, la "pierre bleue" des colonistes, est obtenue des couches volcaniques tertiaires. On s'en sert communément pour des constructions et aussi pour macadamiser les routes dans tous les districts volcaniques; cette pierre est très facilement travaillée, et on peut se la procurer en blocs de toutes dimensions. Elle appartient aux véritables laves Dolerites ou Augitiques. Sa composition minérale est généralement un mélange granulaire d'Augite, Feldspar (probablement Labradorite), avec des fers magnétiques et titaniques, carbonate de chaux, Spherosidorite et Olivine. Elle est généralement plus ou moins vésiculaire et poreuse, et quelquefois très compacte et cristalline. Une variété de minéraux Zéolotiques ont été trouvé associés à cette pierre. Des minerais de fer, fort riches, sont très communs dans les couches Pliocènes supérieures. Des chaux de différentes espèces, du gypse, de belles terres pour poteries et briqueries, des lits de lignite et de résines fossiles sont aussi les produits des rocs tertiaires dans la Colonie de Victoria.

Des spécimens de la plupart d'entre eux sont exposés, ainsi que d'autres montrant le caractère minéral général des différents rocs de l'époque tertiaire.

Les terrains qui se trouvent sur les rocs volcaniques sont les plus riches et les plus fertiles dans la Colonie de Victoria; et conséquemment dans tous les districts où ils se présentent l'agriculture et les fermes prennent un grand développement.

ANNALES SOUS FORME DE TABLE,

INDIQUANT

LA DATE DE LA DÉCOUVERTE DANS LA COLONIE DE VICTORIA ET DANS D'AUTRES PAYS,

DES

SPÉCIMENS LES PLUS REMARQUABLES D'OR NATIF;

LEUR POIDS, ET AUTANT QUE POSSIBLE LEUR POIDS SPÉCIFIQUE, ESSAI ET POIDS D'OR PUR.

PAR WILLIAM BIRKMYRE.

Ce travail est la propriété du Département des Mines, et est publié avec l'autorisation de l'Honorable JOHN BASSON HUMFFRAY, Membre de l'Assemblée Legislative, Commissaire des Mines.

*** L'astérisque dénote que le lingot ou spécimen a été essayé par l'auteur.

	Date de la découverte.	Poids brut (Troy).		Poids spécifique.	Essai.			Evaluation du poids d'or pur.
					Or pour cent.	Carats.	C. grs.	
		lb. oz. dwt.	oz. dwt.					oz. dwt. gr.
1. Le lingot "The Welcome" (le Bienvenu), trouvé par une compagnie de vingt-quatre mineurs à "Bakery Hill" (Montagne de la Boulangerie), Ballaarat, Victoria, à une profondeur de cent quatre-vingt pieds, suivant tout apparence usé par l'eau, et n'ayant ancune forme régulière; sa longueur est de vingt pouces, sa largeur de douze pouces et son épaisseur de sept pouces; il contient environ dix livres de quartz, de terre et d'oxide de fer. Avant de trouver ce gros lingot les mèmes mineurs en trouvèrent de plus petits pesant de douze à quarante-cinq onces. Il fut d'abord vendu à Ballaarat en 1858 pour	11 Juin 1858	184 9 16 ou, en avoirdupois, 1 cwt. 1 qr. 12 lbs.	2,217 16	...	99·20	23	3⅛	

Annales, etc.—continuées.

	Date de la découverte.	Poids brut (Troy).		Poids spécifique.	Essai.			Evaluation du poids d'or pur.
		lb. oz. dwt.	oz. dwt.		Or pour cent.	Carats.	C. grs.	oz. dwt. gr.
£10,500 ; puis après avoir été exposé à Melbourne pendant plusieurs semaines, il y fut vendu le 18 Mars 1859; il pesait alors 2,195 oz., et il réalisa £9,325, ou £4 4s. 11d. par once. Il fut fondu à Londres en Novembre 1859. (*)								
2. Le lingot "Blanche Barkly," trouvé par une compagnie de quatre mineurs, tout-à-fait isolé, à Kingower, Victoria, à une profondeur de treize pieds, et à cinq ou six pieds de défoncements faits trois ans auparavant. Ses dimensions sont vingt-huit pouces de long et dix pouces dans sa partie la plus large ; il paraît contenir deux livres de quartz, terre et oxide de fer. Il a été fondu à Londres le 4 Août 1858. Valeur £6,905 12s. 9d. Ce lingot, avant d'être fondu, fut exposé à Melbourne et au Palais de Cristal, Sydenham, Londres, où il fut un objet de grand intérêt pour sa dimension, son éclat et son état massif ; les heureux propriétaires récoltèrent comme produit de son exposition jusqu'à £50 par semaine. (*)	27 Août 1857	145 3 13	1,740 13	...	95·58	22 3⅜		
3. Trouvé au "Canadian Gully" (Ravin Canadien), Ballaarat, Victoria, par une compagnie de	31 Janvier 1853	134 11 0	1,619 0					

quatre mineurs, à une profondeur de soixante pieds ; et immédiatement après, un lingot plus petit, pesant 76 oz. Deux membres de cette association n'étaient pas arrivé depuis plus de trois mois dans la Colonie; ils repartirent par le steamer "Sarah Sands." Ce spécimen, quoique large, n'était pas très attrayant, l'or et le quartz étant d'une couleur très sombre; il fut vendu à Londres en 1853. Son poids avant la fonte était 1,615 oz. 10 dwts., après la fonte 1,319 oz. 1 dwt. 12 grs. d'or fin, ou 98·96 pour cent. d'or pur, égal à 1,423 oz. d'or au titre, d'une valeur à £3 17s. 9d. par oz. de £5,532 7s. 4d. ; la perte en poids à la fonte étant 296 oz. 8½ dwts. = 18·6 pour cent.

4. Trouvé par un enfant aborigène parmi un monceau de quartz, sur la surface du sol à Meroo Creek, rivière Turon, 53 miles de Bathurst, New South Wales; il était en trois morceaux lorsqu'il fut découvert, bien qu'ils soient considérés comme formant une seule masse. L'aborigène qui découvrit ces lingots remarqua " une particule de quelque substance brillante sur la surface d'un amas de quartz; il y donna un coup de hache et en cassa un fragment." Un de ces morceaux pesait soixante-dix livres avoirdupois, et produisit soixante livres troy d'or ; le poids brut des deux autres était d'environ soixante livres chaque. Ces trois morceaux, pesant 1¾ cwt., contenaient 106 livres troy d'or et environ 1 cwt. de quartz. Dans la même

	Juillet 1851	106	0	0	1,272 0(¹)

(1) Poids de l'or broyé.

	Date de la découverte.	Poids brut (Troy).			Poids spécifique.	Essai.			Evaluation du poids d'or pur.
						Or pour cent.	Carats.	C. grs.	
		lb. oz. dwt.	oz. dwt.						oz. dwt. gr.
année un autre lingot (No. 39) pesant trente livres 6 oz. fut découvert, dans de la terre à 24 yards d'où les gros morceaux avaient été trouvés ; et l'année suivante, près aussi du No. 4, furent trouvés deux lingots pesant respectivement 157 et 71 onces.									
5 et 6. Trouvés à Dunolly, Victoria, deux spécimens avec de l'or distribué au travers d'une matrice couleur de rouille. Fondus à Melbourne, Octobre 1857, le produit en étant 1,363 oz. 18 dwts. d'or et la valeur environ £5,500.	1857	237 8 0	2,952 0						
7. Trouvé par une compagnie de quatre mineurs à Burrandong, près d'Orange, New South Wales ; à une profondeur de trente-cinq pieds . quand il fut réduit en poudre par un marteau, il produisit 120 livres d'or, pour lesquelles £5,000 furent offertes. Il fut fondu à la Monnaie de Sydney, et pesait alors 1,286 oz. 8 dwts. ; après la fonte 1,182 oz. 7 dwts. ; perte 8 pour cent ; finesse 87·4 pour cent ; le poids au titre de l'or étant 1,127 oz. 6 dwts. ; valeur £4,389 8s. 10d. L'or était mêlé au quartz et à du sulphure de fer (mundic).	1 Nov. 1858	107 2 8	1,286 8	...		87·40	20	3⅛	

Description	Date										
8. Le lingot "Lady Hotham," trouvé près du Ravin Canadien, Ballaarat, Victoria, à une profondeur de cent trente-cinq pieds. Il contient beaucoup de quartz et de sulphure de fer, mais c'est un beau spécimen. On obtint du même défoncement plus de 220 livres en plus petits lingots. La valeur de l'or récolté par cette compagnie ne fut donc pas moins de £13,000. (*)	8 Sept. 1854	98	1	0	1,177	0	6·093	...	...	755	0 0
9. Trouvé à Miask, Monts Ourales, Russie, à une profondeur de neuf pieds ; poids 87 livres 92 zolotniks Russes (Tegoborski) 36·025 kilogrammes (Humboldt). En grosseur il est exactement la moitié d'un gallon impérial = 138 pouces cubes. Sa valeur supposée, à 22 carats (titre Anglais), contenant 8·33 pour cent. d'alliage, est £4,508 19s. 3d. Il est conservé au Musée des Ingénieurs des Mines à St. Petersbourg.	Tegoborski 7. Nov. 1842	96	6	0	1,158	0					
10. Trouvé au Ravin Canadien, Ballaarat, Victoria, par une compagnie de trois mineurs qui trouvèrent aussi le No. 12 dans la même exploitation, dans une galerie à une profondeur de soixante pieds, parmi du quartz, des cailloux, et de la terre à laver contenant une once au baquet—sa longueur est de vingt pouces par huit pouces et demi, et cinq pouces d'épaisseur. Le premier coup du pic fit soupçonner au mineur qu'il avait touché l'or, et au second coup le pic resta dans la masse. L'or est finement entremêlé de quartz. La valeur approximative des No. 10 et 12 est de £7,500. (1)	20 Jan. 1853	93	1	11	1,117	11					
11. Trouvé à "Blackman's Lead" (Filon du Nègre), Maryborough, Victoria, à une profondeur de cinq	Juin 1855	86	2	5	1,034	5	8·58	...	...	833	14 0

(1) Ce lingot et le No. 12 évalués sans en prendre le poids spécifique. Il y eut une litigation relativement à la division du produit de l'exploitation.

	Date de la découverte.	Poids brut (Troy).		Poids spécifique.	Essai.			Evaluation du poids d'or pur.
					Or pour cent.	Carats.	C. grs.	
		lb. oz. dwt.	oz. dwt.					oz. dwt. gr.
pieds; vendu à Melbourne en 1855 pour £3,250. Fondu par moi dans la même année. (*)								
12. Trouvé au Ravin Canadien, Ballaarat, Victoria. Cette masse fut trouvée deux jours après la découverte du No. 10, dans la même mine et galerie, et à dix pieds du No. 3. Sa longueur est de douze pouces par six pouces de large et six pouces et demi d'épaisseur, et la forme est quelque peu celle d'une pyramide. C'est un très beau spécimen, consistant en beaucoup d'or et de quartz d'une grande blancheur. Les deux mineurs-actifs continuèrent à travailler pendant une quinzaine, durant laquelle ils obtinrent environ cent onces d'or fin, après quoi ils vendirent leur intérêt pour 80 guinées (voyez No. 10).	22 Jan. 1853	84 3 15	1,011 15					
13. Le lingot "le Héron," trouvé par deux jeunes gens près du "Vieux Point d'Or," Fryer's Creek, Mont Alexandre, Victoria. Une masse d'or solide. On leur offrit dans le district £4,000, mais ils refusèrent (vendu en Angleterre pour £4,080). Outre cette masse, ils furent encore heureux dans leurs recherches de l'or, et ils	29 Mars 1855	84 0 0	1,008 0					

n'étaient à cette époque que depuis trois mois dans la Colonie. Dans la même localité, environ trois ans auparavant, des lingots de 7 et 22 livres furent trouvés.

14 Trouvé à Ballaarat, Victoria, à une profondeur de quatre cents pieds; une masse solide d'or; et en plus 100 oz. d'or en petits lingots.	Août 1860	69	6	0	834	0							
15. Trouvé aux mines de McIntyre, près de Kingower, Victoria.	Mars 1857	67	6	0	810	0							
16. Trouvé par deux mineurs à Kingower, Victoria, à un pied de la surface, 18½ pouces de longueur, 5½ pouces de largeur, et d'une épaisseur moyenne de deux pouces.	1860	67	1	0	805	0							
17. Trouvé à Kingower, Victoria	Fév. 1861	65	2	0	782	0							
18. Trouvé à "Daisy Hill" (Montagne de la Pâquerette), Victoria, à trois pieds et demi de la surface. (*)	22 Oct. 1855	59	7	0	715	0	7·147	...	...	521	4	0	
19. Trouvé près de la cité de La Paz, située 12,170 pieds au-dessus du niveau de la mer, sur l'inclinaison à l'Est des Andes en Bolivie, Pérou Supérieur. Ce lingot pesait 90 marcs Espagnols, de 3,550½ grains troy par marc = 665 oz. troy. Il variait dans sa composition de 75 à 95·8 pour cent. d'or.	Raynal, 1730	55	5	0	665	0							
20. Trouvé à McIvor, Victoria, à une profondeur de seize pieds.	Oct. 1858	54	10	0	658	0							
21. Trouvé à Back Creek, Taradale, Victoria, par une compagnie de trois mineurs, à une profondeur de douze pieds; une masse solide d'or; et en même temps environ quatre-vingt onces en petits lingots La valeur de l'exploitation à cette profondeur était de près de £3,000.	Mai 1856	54	0	0	648	0							
22. Trouvé à McIvor, Victoria. Avant la fonte £2,500	12 Oct. 1855	53	9	0	645	0							

	Date de la découverte.	Poids brut (Troy).		Poids spécifique.	Essai.			Evaluation du poids d'or pur.
					Or pour cent.	Carats.	C. grs.	
		lb. oz. dwt.	oz. dwt.					oz. dwt. gr.
furent offertes pour ce lingot. Il fut fondu à la Banque Orientale, et perdit 11½ pour cent. = 74 oz. 2 dwts.								
23. Trouvé dans un trou abandonné à Eureka, Ballaarat, Victoria, poli et presque sans quartz. Dimensions : 9 pouces de long par 7 de large	7 Fév. 1854	52 1 0	625 0					
24. Trouvé à Yandoit, Castlemaine, Victoria ; poids, 581 oz. 17 dwts., contenant six onces de quartz, évalué à £2,180. Longueur 16 pouces, largeur 19½ pouces, épaisseur variant de ¾ à 2 pouces. Dans la même localité, et en moins de six semaines, on trouva cinq autres lingots.	Avril 1860	50 0 0	600 0					
25. Trouvé au Ravin du Cheval Blanc, Bendigo, Victoria, dans le même défoncement que les Nos. 40 et 41, partiellement incrusté dans le quartz; évalué à £2,100.	Oct. 1852	47 9 0	573 0					
26. Trouvé à la Montagne de la Boulangerie, Ballaarat, Victoria, à une profondeur de 185 pieds. Ce lingot et ie No. 1 furent trouvés à moins de 150 yards l'un de l'autre.	6 Mars 1855	47 7 0	571 0					
27. Le lingot "Nil Desperandum," trouvé près du "Native Youth" (Enfant Aborigène), Ballaarat, Victoria, à une profondeur de neuf pieds, avec	Nov. 1857	45 0 0	540 0					

d'autres lingots pesant d'une à neuf onces. Cette masse était presque entièrement d'or solide, et fut vendue à Melbourne le 4 Avril 1850. Elle pesait 505 onces Essai 98·80 pour cent d'or = 23 carats 2¾ carat grains; réalisa £1.950, ou £3 17s. 2¾d. par once.

28. Trouvé aux mines du "Blackman" (Nègre), Maryborough, Victoria, à une profondeur de six pieds.	15 Jan. 1858	44	9	5	537 5			
29. Trouvé par une femme Indienne, presque à la surface de l'alluvion de la rivière Haina, près de la cité de San Domingue, Hayti. Ce spécimen contenait de la pierre (qu'on supposa.t à cette époque n'être pas encore convertie en or), et pesait dit-on 3,600 castellanos. qui, à 71 grains troy par castellano, serait égal à 532½ oz. troy. Il fut envoyé au Roi d'Espagne, comme un gage de la richesse de la grande découverte de Columbus ; mais il fut perdu dans un orage, ainsi que 200,000 castellanos = 29,587 onces troy d'or.	1502	44	5	0	532 0			
30. Trouvé dans la Colonie de Victoria, par deux mineurs, à une profondeur de dix-huit pieds. (*)	1856	43	8	0	524 5	5·99	... ...	335 10 0
31. Trouvé à la Montagne de la Boulangerie, Ballaarat, Victoria, une masse solide d'or, dans la mine à côté de celle où fut trouvé le lingot No. 26. (*)	Mars 1855	40	0	0	480 0			
32. Trouvé à "Twisted Gum Tree" (le Gommier Crochu). Ballaarat, Victoria.	...	34	0	0	408 0			
33. Trouvé à "Reed's Mine" (Mine de Reed), North Carolina, Etats-Unis. Il pesait 28 livres avoirdupois, et était de 8½ pouces de longueur, 5 pouces de largeur et 1 pouce d'épaisseur ; il fut trouvé par un nègre à quelques pouces de la surface du sol	1821	34	0	0	408 0			
34. Trouvé à Kiandra, Rivière de Neige, N.S.W. ...	Oct. 1860	33	4	0	400 0			

N

	Date de la découverte.	Poids brut (Troy).			Poids spécifique.	Essai.			Evaluation du poids d'or pur.
						Or pour cent.	Carats.	C. grs.	
—————		lb. oz. dwt.		oz. dwt.					oz. dwt. gr.
35. Trouvé à Yandoit, Castlemaine, Victoria, à une profondeur de seize pieds.	1860	32 0 0		384 0					
36. Trouvé au Ravin de Robinson Crusöe, Bendigo, Victoria, dans un amas de matières d'une mine abondonnée. Longueur 12 pouces, largeur 6 pouces, épaisseur d'un demi pouce à deux pouces.	Mars 1861	31 5 6		377 6					
37. Trouvé au Ravin Canadien, Ballaarat, Victoria, contenant une grande quantité de quartz. Il fut vendu à Melbourne, en Mars 1853, pour £1,465 16s. 11d = £3 19s. par oz.	1853	30 11 2		371 2					
38. Trouvé par deux mineurs, dans le Ravin Canadien, Ballaarat, Victoria, à une profondeur de soixante pieds, en même temps qu'un autre lingot No. 85, pesant 143 oz. 15 dwts., et tous deux à environ trente pieds du No. 3.	Fév. 1853	30 8 0		368 0					
39. Le lingot le "Brenan," trouvé à Meroo Creek, rivière Turon, New South Wales, enfouit dans l'argile; il mesure vingt-et-un pouces en circonférence. Il fut trouvé à 24 yards du No. 4. Vendu à Sydney, en 1851, pour £1,156.	1851	30 6 0							
40. Trouvé par un nègre, dans la province de Choco, Nouvelle Grenade, Amérique du Sud. Son maître en fit présent au Musée du Roi d'Espagne.	Humboldt 1793	30 4 11		364 11					
41. Le lingot "Victorian," trouvé au White Horse Gully	20 Sept. 1852	28 4 0		340 0					

(Ravin du Cheval Blanc), Bendigo, Victoria, tout près du No. 43. Acheté par les Chambres Législatives de la Colonie, pour en faire hommage à Sa Majesté la Reine d'Angleterre, au prix de £1,650 = £4 17s. par oz. Sa surface était en partie incrustée de quartz et d'oxide de fer.					
42. Trouvé à Bendigo, Victoria … … …	1854	28	2	17	338 17
43. Le lingot le "Dascombe," trouvé à Bendigo, Victoria, brillant et dégagé de quartz. Il fut trouvé tout près du No. 41, dans un amas de gravier à environ un pied de la surface. Vendu à Londres le 5 Novembre 1852 (il pesait alors 330 oz. 15 dwts.), pour £1,500, ou £4 10s. 8d. par oz. Ce spécimen fut la première masse d'or solide qui fut trouvée dans l'Empire Britannique.	Jan. 1852	27	8	0	332 0
44. Trouvé à McIvor, Victoria, avec de plus petits lingots pesant respectivement 11½ oz., 11 oz., 6¼ oz., et la matière à laver produisant après cela 1 oz. par charretée.	1857	27	4	0	328 0
45. Trouvé au Ravin de McCallum, Victoria …	1857	27	2	10	326 10
46. Trouvé à Miask, Monts Ourales, Russie, près de la surface. Poids, 10·117 kilogrammes (15,432·3 grains troy = 1 kilogramme, Prof. Miller, *Phil. Trans.*, 1856).	Humboldt 1826	27	1	5	325 5
47. Trouvé dans les Mines de l'Est Sibérie; poids 24 livres Russes (6,323 grains troy = 1 livre Russe).	Tegoborski	26	4	0	316 0
48. Trouvé à Baycito, Californie, à une profondeur de 54 pieds. C'est le plus gros lingot qui ait été découvert en Californie jusqu'à présent.	24 Avril 1852	25	5	0	305 0
49. Trouvé aux mines de McIntyre, Victoria, à une profondeur de six pieds.	Sept. 1858	25	0	0	300 0
50. Trouvé à Kingower, Victoria, par deux mineurs travaillant à la surface.	Août 1861	25	0	0	300 0

N 2

	Date de la découverte.	Poids brut (Troy).				Poids spécifique.	Essai.		Evaluation du poids d'or pur.
							Or pour cent.	Carats, C. grs.	
		lb.	oz.	dwt.	gr.				
51. Trouvé à Bendigo, Victoria	1852	24 0	0 0		288 0 0				
52. Trouvé à Kingower, Victoria (*)	1854	23 6	2 0		282 2 0	5·25	...	...	162 16 0
53. Trouvé au Ravin d'Evans, Kingower, Victoria ...	Avril 1861	23 5	17 0		281 17 0				
54. Trouvé dans la Colonie de Victoria, produisit à la fonte 161 oz. 14 dwts. d'or, contenant 97·4 pour cent. d'or pur.	1855	23 5	0 0		281 0 0	5·3	97·4	23 1⅜	159 12 19
55. Trouvé au Crique de Jones, Victoria	1856	23 5	0 0		281 0 0				
56. Trouvé à "Daisy Hill" (Montagne de la Pâquerette), Victoria; vendu pour £1,019 = 74s. 1d. par oz. (*)	Jan. 1856	22 11	3 0		275 3 18	14·05	...	...	259 12 12
57. Trouvé à "Golden Point" (Point d'Or), Fryer's Creek, Victoria.	...	22 0	0 0		264 0 0				
58. Trouvé aux mines de Brown, Victoria. Un beau spécimen; vendu pour £1,022 4s. 6d , ou £3 17s. 7d. par oz.	23 Oct. 1856	21 11	8 0		263 8 0				
59. Trouvé à Kingower, Victoria, à moins de quatre pieds de la surface.	Mai 1856	21 8	0 0		260 0 0				
60. Trouvé au Mont Korong, Victoria, à un pied et demi de la surface; évalué à £1,000.	Mai 1856	21 3	13 0		255 13 0				
61. Trouvé à Gongo Soco, Mines Geraes, Brésil. Or et quartz. Tiré de l'exploitation de l'ancienne association des mines d'or de l'Empire du Brésil.	1832	20 2	0 0		242 0 0				
62. Trouvé au Mont Blackwood, Victoria, sur la surface du sol, composé d'or, de quartz et d'oxide de fer. (*)	1855	20 0	18 0		240 18 0	6·57	...	...	167 18 0

63. Trouvé à Yandoit, Castlemaine, Victoria, à moins de vingt pieds de la surface; une masse solide d'or.	1860	20	0	0	0	240	0	0						
64. Trouvé aux Mont Ourales, Russie	...	20	0	0	0	240	0	0						
65. Trouvé à White Hills (Montagnes Blanches), Maryborough, Victoria, à une profondeur de douze pieds; une masse solide d'or.	1856	19	8	0	0	236	0	0						
66. Trouvé à Kingower, Victoria, à moins d'un demi pouce de la surface.	Fév. 1861	19	8	0	0	236	0	0						
67. Trouvé dans le Comté de Cabarras, North Carolina, Etats-Unis.	Whitney	19	5	6	0	233	6	0						
68. Trouvé à Kingower, Victoria, sur la surface du sol, par un mineur explorant le terrain. Il était recouvert de mousse verte. Débarrassé du quartz et de la mousse, il pesait 188 oz. 15 dwts.	Mai 1860	19	2	0	0	230	0	0						
69. Trouvé au Crique de Carson, rivière Stanislaus, Californie; propriété de la Banque d'Angleterre.	Août 1850	18	3	0	0	219	0	0						
70. Trouvé à "New Chum Hill" (Montagne du Nouveau-venu), Kiandra, Rivière de Neige, N.S.W.	Juillet 1861	16	8	0	0	200	0	0						
71. Trouvé aux Monts Ourales, Russie	...	16	2	0	0	194	0	0						
72. Trouvé au Mont Korong, Victoria	Août 1859	16	0	0	0	192	0	0						
73. Trouvé sur le surface du sol, aux Montagnes de Bryant, à douze miles de Castlemaine; quartz blanc et or. (*)	1854	15	3	8	12	183	8	12	4·41	95·50	22 3⅜	87	0	0
74. Trouvé à Tarrengower, Victoria	Mai 1855	15	0	0	0	180	0	0						
75. Trouvé à Maryborough, Victoria; quartz, oxide de fer et or. (*)	1854	14	10	16	0	178	16	0	5·25	...	...	108	14	0
76. Trouvé en Californie; reçu à la Monnaie des Etats-Unis en 1849.	...	14	6	0	0	174	0	0						
77. Trouvé aux Monts Ourales, Russie	...	14	3	0	0	171	0	0						
78. Trouvé dans la Colonie de Victoria. Sur la surface de ce lingot il n'y avait qu'une marque peu sensible de la présence de l'or, et jusqu'à ce que	1853	13	10	10	0	166	10	0	3·1	...	...	29	0	0

	Date de la découverte.	Poids brut (Troy).		Poids spécifique.	Essai.			Evaluation du poids d'or pur.
					Or pour cent.	Carats.	C. grs.	
		lb. oz. dwt. gr.	oz. dwt. gr.					oz. dwt. gr.
le poids spécifique en fut pris, il paraissait presque sans valeur. C'est un des spécimens les plus extraordinaires qui aient jamais été essayés. Après s'être assuré de son poids spécifique, il fut acheté à un prix qui satisfit le vendeur et l'acheteur; il fut alors brisé, et un masse d'or solide de forme ovale fut trouvée au centre. (*)								
79. Trouvé dans l'exploitation de la Compagnie Calaveras, en Californie, à quinze pieds de la surface. Supposé contenir 80 pour cent. d'or pur, à 17 dollars par once = 2,128 dols. ou £459.	...	13 4 10 0	160 10 0					
80. Trouvé à Kiandra, Montagnes de Neige, N.S.W.	Mars 1860	13 4 0 0	160 0 0					
81. Trouvé à Meroo Creek, rivière Turon, N.S.W. ...	1852	13 1 0 0	157 0 0					
82. Trouvé au Ravin d'Evans, Kingower, Victoria	1861	12 9 10 0	153 10 0					
83. Trouvé dans le Comté d'Anson, North Carolina, Etats-Unis.	Whitney, 1829	12 1 16 0	145 16 0					
84. Trouvé au Crique de Jones, Mont Moliagul, Victoria. (*)	1855	12 1 5 0	145 5 0					
85. Trouvé par des Chinois au Crique de Creswick, Victoria.	Mai 1860	12 0 0 0	144 0 0	6·74	...	...		102 0 0
86. Trouvé dans le Ravin Canadien, Ballaarat, Victoria, à une profondeur de soixante pieds, en	Fév. 1853	11 11 1 5	143 15 0					

même temps que le lingot No. 38. Vendu à Melbourne le 4 Mars 1853 (il pesait alors 142 oz. 15 dwts.) pour £567 8s. 6d. = £3 19s. 6d. par oz.														
87. Trouvé au Crique de Jones, Mont Moliagul, Victoria, à une profondeur de vingt pieds. Après l'avoir broyé, pour en extraire le quartz, il pesait 126 oz.	...	11	8	0	0	140	0	0						
88. Trouvé aux mines de Tooloom, New South Wales ; presque or pur.	1860	11	8	0	0	140	0	0						
89. Trouvé à Jim Crow, Victoria, à quatre pieds profond.	Sept. 1858	11	4	0	0	136	0	0						
90. Trouvé au Mont Korong, Victoria, 4½ pieds profond. (*)	Oct. 1856	11	0	9	0	132	9	0	5·62	...	...	90	14	0
91. Trouvé dans la Colonie de Victoria (*)	1854	10	8	2	12	128	2	12	11·14	...	...	103	0	0
92. Trouvé à Yecorata, Sinaloa, Mexique. Il pesait 16 marcs 4 oz. 4 ochavas ; titre 22 carats. Déposé au Musée Royal à Madrid.	Robertson, environ 1771	10	2	10	5	122	10	5						
93. Trouvé à Kingower, Victoria, par un jeune garçon, à quelques pouces de la surface.	Sept. 1858	10	0	0	0	120	0	0						
94. Quartz brisé d'une roche dans une mine à Tarrengower, Victoria (spécimen de quartz). (*)	1861	9	11	14	18	119	14	18	4·94	...	...	64	7	2
95. Trouvé en Californie ; reçu à l'hôtel des Monnaies aux Etats-Unis en 1849.	...	9	7	12	0	115	12	0						
96. Trouvé à Dunolly, Victoria; or, quartz et oxide de fer. (*)	1854	9	2	9	0	110	9	0	12·05	...	...	100	2	14
97. Trouvé à Kingower, Victoria	Sept. 1861	8	10	15	0	106	15	0						
98. Trouvé à Mont Moliagul, par des Chinois ; une masse d'or pur. Valeur £400.	Nov. 1857	8	8	8	0	104	8	0	.					
99. Trouvé à Kingower, Victoria	Sept. 1861	8	4	10	0	100	10	0						
100. Morceau brisé d'une roche de quartz, dans une mine à Tarrengower, Victoria. (*)	1861	8	3	10	17	99	10	17	4·00	...	...	28	6	0
101. Trouvé à Sonora, Mexique. Poids, 3 kilogrammes	Humboldt	8	0	9	0	96	9	0						

	Date de la découverte.	Poids brut (Troy).				Poids spécifique.	Essai.		Evaluation du poids d'or pur.
							Or pour cent.	Cerats. / Car grs.	
		lb.	oz.	dwt.	gr.	oz. dwt gr.			oz. dwt. gr.
102. Trouvé à Jim Crow, Victoria … … …	1855	7	11	6	0	95 6 0	4·88	… / …	50 12 0
103. Trouvé à Kiandra, Rivière de Neige, N.S.W. …	Mars 1860	7	9	18	0	93 18 0			
104. Trouvé à Black Hill, Ballaarat, Victoria ; une masse solide d'or. Le premier gros lingot d'or pur qui fut trouvé dans la Colonie ou toute autre partie des possessions Britanniques.	14 Oct. 1851	7	6	0	0	90 0 0			
105. Trouvé au Crique de Louisa, N.S.W. ; or et quartz.	25 Oct. 1851	7	6	0	0	90 0 0			
106. Trouvé au Crique de Louisa, N.S.W. ; lingot d'or pur.	25 Oct. 1851	6	10	0	0	82 0 0			
107. Trouvé au Mont Blackwood, Victoria (*) …	1851	6	6	19	6	78 19 6	5·84	… / …	50 9 0
108. Trouvé au Ravin Canadien, Ballaarat, Victoria, dans le même défoncement que le No. 3.	31 Jan. 1853	6	4	0	0	76 0 0			
109. Trouvé dans la Colonie de Victoria … …	1854	5	5	3	0	65 3 0	7·3	… / …	48 4 0
110. Trouvé par deux jeunes garçons, à Gundagai, N.S.W.	Juillet 1861	5	4	7	0	64 7 0			
111. Trouvé dans la Colonie de Victoria (*) …	1855	5	1	18	0	61 18 0	5·18	… / …	34 17 0
112. Trouvé dans la Colonie de Victoria (*) …	1854	5	0	9	0	60 9 0	5·05	… / …	33 12 0
113. Trouvé dans la Colonie de Victoria. Vendu à Melbourne le 7 Janvier 1852, pour 72s. 9d. par once, le prix de la poudre d'or étant à la même époque 59s. par oz.	1851	4	10	18	0	58 18 0			
114. Trouvé à Store Crique, tributaire de la rivière	Jan. 1861	4	10	0	0	58 0 0			

Nicholson, Terre de Gipps, Victoria ; le plus gros lingot qui ait été trouvé dans cette localité.

Désignation	Date								Titre					
115. Trouvé dans la Colonie de Victoria (*) ...	1855	4	9	15	0	57	15	0	6·56	...	...	40	2	0
116. Trouvé dans la Colonie de Victoria (*) ...	1854	4	3	17	12	51	17	12	12·06	...	...	47	1	0
117. Trouvé au Crique de Louisa, N.S.W. ; or et quartz cristallin.	1857	4	2	0	0	50	0	0						
118. Trouvé dans la Colonie de Victoria	1854	4	1	14	12	49	14	12						
119. Détaché de la roche à Tarrengower, Victoria (spécimen de quartz). (*)	1861	4	1	0	19	49	0	19	5·01	...	...	26	15	0
120. Trouvé dans la Colonie de Victoria (*) ...	1855	3	11	17	0	47	17	0	4·55	...	...	23	8	0
121. Détaché de la roche à Tarrengower, Victoria (spécimen de quartz). (*)	1860	3	8	4	6	44	4	6	3·53	...	...	13	2	0
122. Trouvé au Mont Blackwood, Victoria (*) ...	1855	3	6	11	0	42	11	0	9·43	...	...	36	5	0
123. Trouvé à la Montagne du Nouveau-venu, N.S.W.	Juillet 1861	3	6	0	0	42	0	0						
124. Trouvé dans la Colonie de Victoria	1854	3	3	17	0	39	17	0	4·52	...	...	19	4	0
125. Détaché de la roche à Tarrengower, Victoria (quartz spécimen). (*)	1860	2	4	15	12	28	15	12	4·11	...	...	11	4	0
126. Trouvé aux "Leadhills," Comté de Lanark, Ecosse	environ 1502	2	3	0	0	27	0	0						
127. Trouvé à Croghan Kinshella, Comté de Wicklow, Irlande. Il contenait 92·3 d'or, 6·27 d'argent et 0·78 de fer.	1797	1	10	0	0	22	0	0						
128. Trouvé au Crique Merri Jig, Terre de Gipps, Victoria.	...	1	6	6	0	18	6	0						
129. Détaché de la roche à Tarrengower, Victoria, (quartz spécimen). (*)	1861	1	6	0	6	18	0	16	6·27	...	...	12	3	16
130. Trouvé à Croghan Kinshella, Comté de Wicklow, Irlande.	1797	1	6	0	0	18	0	0						
131. Trouvé à "Summer Hill Creek," N.S.W. ; le premier lingot trouvé dans New South Wales après la découverte de l'or, dans cette Colonie, par Hargreaves.	13 Mai 1851	1	1	0	0	13	0	0						
132. Trouvé au Mont Blackwood, Victoria (*) ...	1855	0	11	3	11	11	3	11	5·69	...	...	6	18	0

	Date de la découverte	Poids brut (Troy).						Poids spécifique.	Essai.			Evaluation du poids d'or pur.
		lb.	oz.	dwt.	gr.	oz.	dwt. gr.		Or pour cent.	Carats.	Car. grs.	oz. dwt. gr.
133. Détaché de la roche à Tarrengower, Victoria (quartz spécimen). (*)	1861	0	9	7	0	9	7 0	10·10	...	...		7 19 21
134. Trouvé à Weisskirch, Autriche	1851	0	9	0	0	9	0 0					
135. Trouvé à la Rivière des Roches, Nelson, Nouvelle Zélande, tout-à-fait dégagé de quartz.	1858	0	8	14	0	8	14 0					
136. Trouvé à Newfane, Vermont, Etats-Unis ; or et cristal de roche.	1826	0	8	10	0	8	10 0	16·0				
137. Trouvé à la Nouvelle Zélande; or et quartz couleur foncée.	1853	0	8	0	0	8	0 0					
138. Trouvé à Canoona, Port Curtis, Queensland ...	1859	0	7	0	0	7	0 0					
139. Trouvé à Touffe des Pins, Canada	...	0	4	0	0	4	0 0					
140. Trouvé à Echunga, Australie Sud	Oct. 1852	0	2	14	0	2	14 0					
141. Trouvé à Breadalbane, Comté de Perth, Ecosse...	...	0	2	0	0	2	0 0					
142. Trouvé à Leadhills, Comté de Lanark, Ecosse; dans la collection de feu Lord Hopetoun.	...	0	1	10	0	1	10 0					
143. Trouvé à Echunga, Australie Sud, à 7 pieds de la surface.	1852	0	1	10	0	1	10 0					
144. Trouvé à Avoca, Victoria; mêlé à de l'oxide noir de manganèse.	1856	0	0	17	0	0	17 0					
145. Trouvé dans la Paroisse de Creed, Cornouailles, Angleterre.	Borlase, 1756	0	0	15	3	0	15 3					
146. Trouvé à Tangiers (nouvelles mines), Nouvelle Ecosse.	1861	0	0	15	0	0	15 0					
147. Trouvé à Fingal, Tasmanie	...	0	0	12	0	0	12 0					

148. Trouvé à Ballaarat, Victoria; usé par l'eau (*) ...	...	0	0	10	19	0	10	19	18·871	99·18	23·3⅛
149. Trouvé à Kildonan, Comté de Sutherland, Écosse	...	0	0	10	0	0	10	0			
150. Trouvé à Kingower, Victoria; il contenait 61·9 pour cent. d'or, et 0·25 d'argent; le reste était composé de carbonate de bismuth et d'oxide de fer. Son aspect fit croire à beaucoup de marchands d'or, que c'était un métal falsifié. La plus petite partie jetée dans de l'acide le mettait en effervescence. Un spécimen extrêmement rare. (*)	...	0	0	5	0	0	5	0	11·1		

REMARQUES.

Les données suivantes sont déduites des Annales qui précèdent:—1. Que l'or en lingots, même de grandes dimensions, peut être trouvé à la surface du sol comme le No. 4, et à une profondeur de quatre cents pieds comme le No. 14. 2. L'or en masse solide peut être trouvé comme le No. 14, sans une particule de quartz ou d'autre matière non-métallique. 3. Bien qu'il soit habituel de trouver avec les lingots, le quartz (oxide de silicon), l'alumine (oxide d'aluminum), et la rouille (oxide de fer), ces corps solides étant les plus abondants en nature, néanmoins l'or est encore trouvé mêlé à des substances peu communes, telles que les pyrites de fer, l'oxide noir de manganèse et le carbonate de bismuth. 4. Il est intéressant d'observer que là où le carbonate de bismuth se rencontre adhérant à l'or, comme à Kingower, un nombre extraordinaire de lingots de grandes dimensions ont été trouvés dans la même localité. 5. Que l'or en grande masse, le No. 1 par exemple, est presque aussi pur, 23 carats $3\frac{1}{4}$ c. grains, que la plus fine poudre d'or 23 carats $3\frac{3}{8}$ c. grains. 6. Les lingots les plus purs, comme l'argent natif et le fer, n'ont jamais été trouvés tout-à-fait sans alliage, chimiquement parlant. 7. L'argent et le fer forment l'alliage habituel de l'or le plus pur en grandes masses, et ces métaux sont trouvés aussi dans la plus fine poudre d'or. 8. La variété des substances mentionnées ci-dessus comme accompagnant les lingots d'or semble confirmer le fait annoncé dernièrement, que quoique l'or soit obtenu presque invariablement à l'état métallique, néanmoins il peut être trouvé, comme l'argent et les métaux communs, sous forme d'oxide ; Monsieur le Docteur Percy, de Londres, ayant produit des traces d'or du litharge (protoxide de plomb), du blanc de céruse (carbonate de plomb), et du sucre de plomb (acétate de plomb); et j'ai moi même—après plusieurs expériences faites avec soin—extrait de l'or des cristaux rouges de minerai d'étain (peroxide d'étain) trouvé aux mines des Ovens. 9. Le plus gros lingot connu (No. 1) fut trouvé dans la Colonie de Victoria en 1858; il est presque le double en poids et en valeur du fameux lingot Russe, trouvé en 1842; et quatre fois le poids et la valeur du célèbre "grain d'or" trouvé à Hayti en 1502. 10. Comme les plus gros lingots d'or connus (Nos. 1 et 2) furent trouvés six ans après la découverte de l'or dans la Colonie de Victoria, il est probable que des lingots plus gros encore seront découverts par la suite.

WILLIAM BIRKMYRE.

Bureau d'Essai, Collins-street West, Melbourne, 21 Septembre, 1861.

STATISTIQUES D'AGRICULTURE DE LA COLONIE DE VICTORIA POUR L'ANNÉE TERMINANT LE 31 MARS, 1861.

Aux statistiques précieuses qui ont été fournies par Monsieur Archer, l'Editeur de ce Catalogue est à même d'ajouter, grâce aux soins obligeants de Monsieur C. E. Bright, Président de la Chambre de Commerce de Melbourne, les détails suivants, obtenus de sources authentiques, et amenant la relation des progrès de notre agriculture et de notre commerce extérieur jusqu'au 31 Mars, 1861.

TERRES.

Etendue Totale des Terres en Culture.

	Acres.
Pendant l'année 1861	419,252
„ „ 1860	358,727
Augmentation	60,525

CÉRÉALES.

Produit brut des Récoltes de Céréales dans Victoria pour l'année terminant le 31 Mars, 1861.

	Boisseaux Blé.	Boisseaux Avoine.	Boisseaux Orge.	Boisseaux Maïs.	Boisseaux Seigle.
Total, 1861	3,456,072	2,626,056	83,410	24,992	1,690
Total, 1860	2,296,157	2,553,637	98,433	7,374	2,692
Augmentation	1,159,915	74,419	—	17,618	—
Diminution	—	—	15,023	—	1,002

	Boisseaux de Pois, Haricots, Millet et Sorghum.	Total Général.
Total, 1861	11,933	6,204,204
Total, 1860	5,589	4,963,883
Augmentation	6,394	1,240,321

RÉCOLTES DE LÉGUMES.

Produit brut des Récoltes de Légumes pour l'année terminant le 31 Mars, 1861.

	Pommes de terre.	Navets.	Mangold Wurzel.	Betteraves, Carrotes et Panais.	Choux.	Total.
	Tons.	Tons.	Tons.	Tons.	Tons.	Tons.
Total, 1861	77,327	2,276	13,399	2,228	1,907	97,139
Total, 1860	48,967	673	4,645	743	355	55,384
Augmentation	28,360	1,603	8,754	1,485	1,552	41,755

FOURRAGES.

Produit brut de Fourrages pour l'année terminant le 31 Mars, 1861.

	Foins de Céréales. Tons.	Faux Froment. Tons.	Total. Tons.
Total, 1861	142,557	 1,367	 143,625
Total, 1860	135,246	 396	 135,643
Augmentation	7,311	 671	 7,982

RÉCOLTES DIVERSES.

Produit brut de Récoltes Diverses pour l'année terminant le 31 Mars, 1861.

	Cwt. Oignons.	Cwt. Tabac.	Nombre de Vignes.	Cwt. Fruits vendus	Galls. de Vin Produits.	Eau-de-vie Distillés.
Total, 1861 ...	26,028	... 1,255	... 2,838,558	... 8,069	... 11,642	... 260
Total, 1860 ...	1,029	... 463	... 1,896,939	... 4,473	... 13,966	... 150
Augmentation	24,999	792	941,619	3,596	...	110
Diminution...	—	... —	... —	... —	... 2,324	... —

BLÉS ET FARINES.

Blés et Farines importés dans Victoria de Janvier à Décembre inclusivement.

	Boisseaux de Blé,	Blé converti ou en tons de Farine.	Tonnes de Farines.	Total de Tons.
Pendant 1855	188,302	ou 4,006	 36,920	 40,926
„ 1856	147,123	„ 3,130	 43,247	 46,377
„ 1857	210,190	„ 4,472	 38,409	 42,881
„ 1858	274,609	„ 5,842	 25,506	 31,348
„ 1859	388,098	„ 8,457	 25,435	 33,892
„ 1860	483,156	„ 10,279	 25,514	 34,793

MEM.—47 boisseaux de Blé produisant 1 ton de Farine.

AUTRES CÉRÉALES.

Importation d'autres Céréales dans la Colonie de Victoria de Janvier à Décembre inclusivement

	1858. Boisseaux.	1859. Boisseaux.	1860. Boisseaux.
Orge	128,255	... 54,834	... 14,963
Haricots et Pois	13,380	... 10,336	... 4,917
Maïs	157,100	... 370,062	... 484,056
Drèche ...	220,777	... 103,546	... 251,946
Avoine ...	1,725,092	... 1,221,773	... 1,033,411

LAINES—EN TOISONS ET DÉGRAISSÉES.

Exportation de Victoria pendant l'année terminant le 31 Mars.

En 1859	... ...	21,056,406 lbs.
„ 1860	... ...	22,167,069 „
„ 1861	... ...	23,588,490 „

De Melbourne pendant l'année terminant 31 Mars.

En 1860 il y a eu 57,976 balles, chargées sur 55 vaisseaux.

En 1861 „ 61,988 „ „ „ 51 „

CUIRS BRUTS.

Exportés de Victoria en 12 mois, fin de Mars.

En 1859	...	...	...	...	... 151,888 peaux.
„ 1860	...	...	...	...	... 155,911 „
„ 1861	...	...	...	...	... 151,427 „

PEAUX.

Exportées de Victoria.

En 1859	...	...	...	...	...	... 157,856
„ 1860	...	...	...	...	...	... 225,885
„ 1861	...	...	...	...	...	... 155,472

CORNES ET SABOTS.

Exportés de Victoria.

En 1859	...	...	...	...	...	... 299,000
„ 1860	...	...	...	...	...	... 267,952
„ 1861	...	...	...	...	...	... 336,853

OS.

Exportés de Victoria.

En 1859	...	...	...	...	...	... 640 tons.
„ 1860	...	...	...	...	...	... 464 „
„ 1861	...	...	...	...	...	... 391 „

SUIFS.

Exportés de Victoria.

En 1859	...	...	...	...	...	... 654 tons.
„ 1860	...	...	...	...	...	... 281 „
„ 1861	...	...	...	...	...	... 728 „

POISSON ET HUILES.

Importés dans Victoria de Janvier à Décembre inclusivement.

	1858.	1859.	1860.
Poisson—Conservé	30,822 colis	12,471 colis	22,359 colis
„ Salé	862 tons	948 tons	485 tons
Huile Noire	4,630 gallons	3,986 gallons	6,587 gallons
„ de Noix de Coco	2,052 „	16,172 „	14,245 „
„ de Colza	12,848 „	10,553 „	78,420 „
„ de Lin	46,020 „	36,659 „	57,892 „
„ d'Olive	8,715 „	5,303 „	17,953 „
„ de Navette	12,884 „	11,189 „	12,650 „
„ de Spermaceti	23,225 „	21,889 „	13,268 „
„ non décrites	217,669 „	129,689 „	234,580 „

FARINES AU PORT DE MELBOURNE.

Importation de Farines au Port de Melbourne de 1856 à 1860, de Janvier à Décembre inclusivement.

	1856. Tons.	1857. Tons.	1858. Tons.	1859. Tons.	1860. Tons.	Total Tons.
Des Colonies	23,065	30,927	23,186	23,642	17,997	118,819
De l'Etranger	18,967	5,664	2,483	9,536	15,153	51,805
Total	42,032	36,591	25,669	33,178	33,150	170,624

CÉRÉALES CULTIVÉES AILLEURS.

Importées dans la Colonie de Victoria de Janvier à Décembre inclusivement.

	1858.	1859.	1860.
Gramme	3,094 tons.	3,639 tons.	581 tons.
Riz	8,642 „	15,721 „	10,295 „
Dholl	—	33 „	1 cwt.

HOUBLONS ET AUTRES PLANTES AROMATIQUES DONT ON SE SERT POUR LE BRASSAGE.

Importés dans la Colonie de Victoria de Janvier à Décembre inclusivement.

En 1858	...	...	...	...	...	588,446 lbs.
„ 1859	...	...	...	...	...	415,819 „
„ 1860	...	...	...	...	...	492,339 „

FARINES OU PRÉPARATION DE CÉRÉALES.

	1858.	1859.	1860.
Farine d'Orge	19 tons.	13 tons.	18 tons.
„ de Maïs	117 „	1 „	3 „
„ de Lin	53 „	½ „	5 „
„ d'Avoine	395 „	690 „	796 „

VIANDES—SALÉES, FUMÉES ET SÉCHÉES

	1858.	1859.	1860.
Lard	480 tons.	724 tons.	964 tons.
Bœuf	44 „	114 „	97 „
Jambon	734 „	777 „	1,046 „
Porc	69 „	251 „	280 „

CONSERVES DE VIANDES.

	1858.	1859.	1860.
Viandes conservées ...	27,042 colis.	17,910 colis.	7,756 colis.

TABLEAU DES MONNAIES, MESURES ET POIDS ANGLAIS
Convertis en Monnaies, Mesures et Poids Français.

	Pounds.* (L.)	Shillings. (s.)	Pence. (d.)		Feet		Inches
	Fr.	fr. c.	fr. c.		metres		centimétr.
1	25	1,25	0,10,4166	1	0,30479449	1	2.539954
2	50	2,50	0,20,8233	2	0,60958898	2	5,079908
3	75	3,75	0,31,2399	3	0,91438348	3	7,619862
4	100	5,	0,41,6466	4	1,21917796	4	10,159816
5	125	6,25	0,52,0633	5	1,52397245	5	12,699770
6	150	7,50	0,62,4999	6	1,82876694	6	15,239724
7	175	8,75	0,72,9166	7	2,13356143	7	17,779678
8	200	10,	0,83,3333	8	2,43836592	8	20,319632
9	225	11,25	0,93,7498	9	2,74315041	9	22,859586
10	250	12,50	1,04,1666	10	3,0479419	10	25,399540
11	275	13,75	1,14,5833	11	3,3527394	11	27,939494
12	300	15,	1,25	12	3,6575338	12	30,479449
13	325	16,25					
14	350	17,50					
15	375	18,75					
16	400	20,					
17	425	21,25					
18	450	22,50					
19	475	23,75					

Thermomètre Fahrenheit 32°=0 centigrade et Réaumur.

100° centigrades=212° Fahrenheit=80 Réaumur.

Nombres de Fahrenheit —32 ×5-9=centigrades.

Nombres de Fahrenheit—32×4-9= Réaumur.

POIDS TROY.

	grammes.
Grain (1-24 du pennyweight)	0,06477
Pennyweight (1-20 d'once)	1,55456
Once (1-12 de livre troy)	31,0913
	kilog.
Livre	0,373096

POIDS AVOIRDUPOIS.

	grammes.
Dram (1-16 d'once)	1,7712
Once (1-16 de la livre avoirdupois)	28,3384
	kilog.
Livre	0,4534148
Quarter (28 lb.)	12,6956
Hundredweight (cwt)(112lb)	50,78246
Ton (20 hundredweight)	1015,649

Lb.	Avoirdupois.
	kilogrammes.
1	0,4534148
2	0,9068296
3	1,3602444
4	1,8136592
5	2,2670740
6	2,7212880
7	3,1739030
8	3,6273184
9	4,0807332

MESURES DE LONGUEUR.

	mèt.
3 feet ou 1 yard	0,914383
Fathom (2 yards)	1,8287669
Pole ou perch (5½ yards)	5,02911
Furlong (220 yards)	201,16437
Mile (1760 yards)	1609,3149

MESURES DE SUPERFICIE.

	centimètres carrés.
Square inch	6,451366
	mèt. carré.
Square foot	0,0929
	mèt. carré.
Square yard	0,836097
	mèt. carrés.
Rod	25,291939
	ares.
Rood (1210 square yards)	10,116775
	hectare.
Acre (4840 square yards)	0,404671
	kilom. car.
Square mile	2,588881

MESURES DE SOLIDITÉ.

	centim. cub.
Cubic inch	16,386170
	mèt. cub.
Cubic foot	0,028214
	mèt. cub.
Cubic yard	0,764502

MESURES DE CAPACITÉ.

	litres.
Pint (⅛ du gallon)	0,567932
Quart (¼ du gallon)	1,135864
Gallon impérial	4,5434579
Peck (2 gallons)	9,0869159
Bushel (8 gallons)	36,347664
	hectolitres.
Sack (3 bushels)	1,09043
Quarter (8 bushels)	2,907813
Chaldron (12 sacks)	13,08510

* Le pound ou la livre sterling vaut intrinsèquement Fr. 25.2679.

Traduit de l'Anglais, pour les Commissaires de l'Exposition.
PAR GEORGE HENNELLE

Melbourne: imprimé par Tras Frères. — Imprimeurs du Gouvernement de Victoria.